LES RÈGLEMENTS

sur les

Mitrailleuses Allemandes

(GROUPES ET COMPAGNIES)

2e édition. — Mis à jour jusqu'au 1er janvier 1912

Traduit de l'allemand par le Capitaine SCHOENLAUB

Avec 13 gravures dans le texte

PARIS
HENRI CHARLES-LAVAUZELLE
Éditeur militaire
124, Boulevard Saint-Germain, 124

MÊME MAISON À LIMOGES

1916

LES RÈGLEMENTS

sur les

Mitrailleuses Allemandes

(GROUPES ET COMPAGNIES)

LES RÈGLEMENTS

sur les

Mitrailleuses Allemandes

(GROUPES ET COMPAGNIES)

2e édition. — Mis à jour jusqu'au 1er janvier 1912

Traduit de l'allemand par le Capitaine SCHOENLAUB

Avec 13 gravures dans le texte

PARIS
HENRI CHARLES-LAVAUZELLE
Éditeur militaire
124, Boulevard Saint-Germain, 124

MÊME MAISON A LIMOGES

1916

AVANT-PROPOS

Dans cette traduction, nous ne reproduirons que ce qui a trait à la mitrailleuse, à sa manœuvre, à son emploi tactique, en supprimant tout ce qui intéresse l'instruction sans armes ou avec les armes portatives (fusil, pistolet automatique, sabre, carabine).

Dans le règlement de manœuvres, nous avons négligé la 3e partie (Honneurs et parades) et l'annexe (Sonneries).

Nous n'examinerons donc, dans ce règlement de manœuvres, que l'école de la mitrailleuse non attelée, celle de la mitrailleuse attelée, et les manœuvres du groupe ; puis la 2e partie, qui traite du combat.

Nous avons ajouté, en annexe, les modifications, relatives à l'emploi des mitrailleuses, qui ont été apportées, en août 1909, au règlement de manœuvres de l'infanterie, et les passages relatifs aux mitrailleuses dans le règlement de manœuvres de la cavalerie du 3 avril 1909.

Les indications relatives aux compagnies de mitrailleuses et aux procédés de tir de la mitraillleuse, placés avant cette annexe, dans le règlement de manœuvres, ont été tirées de diverses brochures composées par des commandants de compagnies de cette arme.

Voyons tout d'abord quelle est, en Allemagne, l'organisation des mitrailleuses.

Elles forment des groupes et des compagnies.

Au début, on a créé des groupes, destinés à faire partie des divisions de cavalerie ou devant recevoir des missions spéciales. Ces groupes sont actuellement au nombre de 16.

Puis, à la date du 1er octobre 1907, on a formé 12 compagnies de mitrailleuses, portant le numéro 13 dans 12 régiments, dont 4 de la Garde et 8 dans 8 corps d'armée différents ; le nombre des compagnies a été augmenté depuis, et l'on tend à avoir dans chaque brigade d'abord, dans chaque régiment ensuite, une de ces compagnies.

La compagnie est commandée par un lieutenant assisté de trois sous-lieutenants, tous montés. Elle comprend six mitrailleuses, trois caissons, un chariot de batterie, un fourgon à bagages, toutes ces voitures à deux chevaux et conduites en guides, et un chariot-fourragère à quatre chevaux.

Les effectifs sont de 9 sous-officiers, 74 soldats.

Les compagnies de mitrailleuses n'ont pas d'existence budgétaire.

Le groupe est commandé par un capitaine, secondé par trois lieutenants ou sous-lieutenants, tous montés. Il comprend six mitrailleuses, trois caissons, deux chariots de batterie, un chariot-fourragère, toutes ces voitures à quatre chevaux, un fourgon à bagages, un fourgon à vivres, à deux chevaux.

Les effectifs sont de 130 gradés et soldats, 90 chevaux, dont 5 chevaux de main et 6 haut-le-pied.

Dans le groupe, tous les sous-officiers sont montés, ainsi que les chefs de pièce et les trompettes ; les servants, en principe, montent sur les avant-trains et sur les pièces.

Dans la compagnie, *exceptionnellement*, les 2e et 3e servants montent sur les voitures, ainsi que le chef de pièce ; les 1er et 4e servants sont toujours à pied.

La mitrailleuse est sensiblement la même pour les groupes et les compagnies (système Maxim, que l'on parle de remplacer par une mitrailleuse Schwartzlose, très voisine de celle de l'armée autrichienne).

Les servants des groupes sont armés de la carabine Mle 1898 ; les conducteurs, du sabre ; dans les compagnies, les hommes ont le fusil Mle 1898 et le pistolet automatique Mle 1908.

Nous avons mis en note, aux pages correspondantes, tout ce qui a trait aux compagnies de mitrailleuses.

TABLE DES MATIÈRES

DESCRIPTION DU MATÉRIEL

DES

Groupes et des Compagnies de Mitrailleuses

Du 7 septembre 1903, à jour fin 1909.

Ce règlement donne la description très détaillée du matériel des groupes de mitrailleuses.

L'arme est connue; nous n'avons donc jugé nécessaire de reproduire que les particularités de ce matériel, traîneaux et voitures. Le règlement ne donne pas d'indications au sujet de la quantité de munitions emportées par les groupes, ni de leur répartition dans les différentes voitures.

1re PARTIE

Généralités.

1. — La mitrailleuse est une arme où le recul, secondé par des ressorts, produit automatiquement le chargement et le départ du coup, l'extraction et l'éjection de l'étui.

3. — Le groupe de mitrailleuses possède six pièces, plus deux mitrailleuses ancien modèle (dites d'exercice) pour l'instruction. A l'instruction, on ne démonte que les mitrailleuses d'exercice.

5. — Si, au tir à la cible ou à blanc, il se produit des enrayages, on en cherchera la cause, et l'on fera une théorie sur la manière de s'apercevoir rapidement des enrayages et d'y remédier. A cette occasion, on provoque des enrayages pour faire la démonstration. Aux tirs de combat, dans des manœuvres importantes, des inspections, etc., il faut remédier au plus vite aux enrayages qui peuvent se produire, sans interrompre le tir d'une manière sensible.

7. — Des dégradations insignifiantes en apparence, provenant de l'usure naturelle, doivent, même si elles ne donnent pas encore lieu à des enrayages, être réparées par l'armurier, pour éviter la dégradation d'autres pièces.

8. — Chaque groupe dispose, pour l'instruction, de trois culasses coupées; on évitera de démonter les autres culasses.

9. — Les trois culasses de chaque pièce seront utilisées à tour de rôle pour le tir.

Pour chaque pièce, il y a toujours plusieurs canons en service (trois au plus), mais on n'utilisera pas les canons successivement jusqu'à ce qu'ils deviennent inutilisables. Le sous-officier de tir, secondé par les chefs de pièce, prend note du nombre de cartouches de chaque espèce brûlées avec chaque canon et chaque culasse. La majeure partie des canons reste en réserve.

10. — Les canons usés par le tir, et dont la chambre n'est pas trop agrandie, servent au tir des cartouches à fausse balle. Ils reçoivent la marque P sur le pan quadrangulaire, au-dessus du numéro. On n'emploie que ces canons pour tirer les cartouches à fausse balle; s'il se produit de nombreuses déchirures d'étuis, ces canons sont à rebuter.

× ×

Deux modèles de traîneaux (1901 et 1903) sont en usage

dans l'armée allemande. Le règlement sur le tir (art. 31) ne parle que du traineau mod. 1901, tandis que les deux modèles sont mentionnés dans le règlement de manœuvres. Le traîneau porte la pièce et permet de la faire transporter par les servants. L'appareil de pointage y est fixé, permettant de tirer sur point fixe ou de faucher horizontalement, verticalement ou obliquement. En modifiant la position des supports, on peut placer la mitrailleuse à différentes hauteurs pour le tir.

Les patins des traineaux sont en bois recouvert d'acier; en arrière, ils sont terminés par un éperon qui s'enfonce dans le sol pendant le tir; en avant, les patins sont recourbés.

Les deux modèles de traîneaux diffèrent surtout par le système de pointage en hauteur. Dans le traîneau mod. 1901, il existe des arcs de pointage, non dentés, sur lesquels, au moyen d'une vis de pression, on déplace et on fixe la pièce pour dégrossir le pointage ; puis on achève le pointage à la manivelle.

Dans le traîneau mod. 1903, il n'y a pas d'arcs de pointage et tout le système de pointage est renfermé dans un bâti en acier. Un levier-frein fixe la pièce dans sa position; un levier d'embrayage permet de la rendre indépendante du système de pointage en hauteur, pour dégrossir le pointage.

2e PARTIE

VOITURES.

Généralités.

1. — Le groupe possède les voitures suivantes :

6 mitrailleuses à 4 chevaux;
3 caissons à 4 chevaux;
2 chariots de batterie à 4 chevaux;
1 fourgon à bagages à 2 chevaux;
1 fourgon à vivres à 2 chevaux;
1 fourragère à 4 chevaux, que les groupes ne se procurent qu'au moment de la mobilisation.

Les pièces, les caissons et le chariot de batterie no 1 constituent la batterie de combat; un chariot de batterie, les fourgons et la fourragère, le train régimentaire.

2. — Les voitures-pièces, les caissons, les chariots de batterie sont du système à suspension; les autres voitures du système à contre-appui.

3. — L'avant est le côté du timon.

4. — Si la pièce est en batterie sur son affût, l'avant est le côté de la bouche de la pièce.

Avant-train de pièce.

L'avant-train porte des munitions, des accessoires et 2 ou 3 servants.

Le coffre, en tôle d'acier, est fermé en arrière par trois portes; celles des extrémités s'ouvrent de côté; celle du milieu, vers le bas.

Les compartiments de droite et de gauche sont divisés par une cloison horizontale.

Affût.

L'affût transporte la mitrailleuse, des munitions, des accessoires et 2 servants; il est organisé pour le transport de trois récipients à eau; l'affût n° 1, pour le transport du télémètre Hahn, porte un coffre en tôle d'acier fermé par un couvercle et rembourré à l'intérieur; le rembourrage est recouvert de peau d'agneau.

Le coffre d'affût, en tôle d'acier, porte deux étuis en tôle d'acier pour les carabines des 2e et 3e servants; à gauche se trouve la caisse à lanterne, en tôle d'acier.

Coffre d'affût de la mitrailleuse vu de derrière.

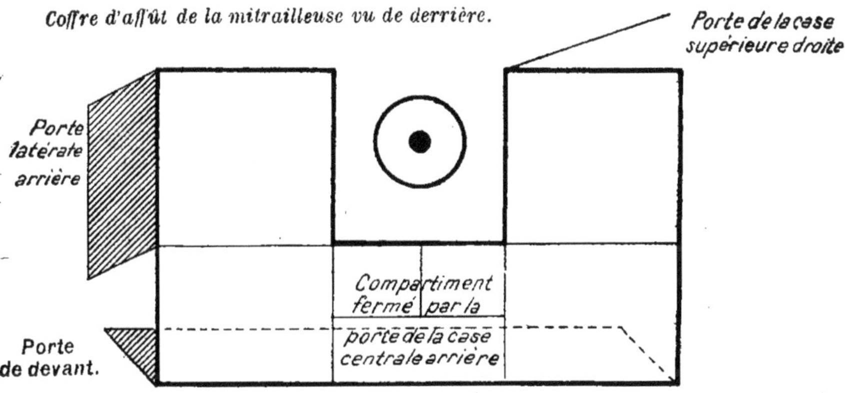

Le coffre d'affût est fermé par quatre portes :

Porte d'avant en tôle d'acier, avec quatre charnières, s'ouvrant par rabattement. Dans le coffre correspondant se trouvent deux traîneaux à munitions;

Porte latérale d'arrière, en tôle d'acier, avec deux charnières, s'ouvrant de côté;

Porte de la case supérieure droite, s'ouvrant vers le haut;

Porte de la case centrale arrière, se rabattant.

Le coffre d'affût est partagé en trois compartiments accolés qui forment chacun deux cases superposées.

La case supérieure du milieu est partagée longitudinalement en deux parties ; la partie de gauche est elle-même coupée en deux ; l'extrémité postérieure contient le coton ; l'autre, les accessoires de la lanterne.

Si la pièce reste sur l'affût pendant le tir, on prend les munitions dans la case supérieure de droite.

Avant-train de caisson.

L'avant-train de caisson ne diffère de celui de la pièce que par les points suivants :

Derrière l'avant-train de caisson se trouve la table pour l'appareil de chargement des bandes de cartouches.

Le coffre forme trois compartiments ; dans le compartiment du milieu, une cloison horizontale et une verticale déterminent une case supérieure, qui s'ouvre par l'avant.

Arrière-train de caisson.

Le coffre est fermé devant par une petite porte, derrière par une grande. Il est divisé en trois compartiments, celui du milieu partagé en deux cases superposées ; la case supérieure forme deux parties, celle d'avant correspondant à la petite porte.

La case centrale inférieure est fermée par une porte intérieure à serrure.

Chariots de batterie.

L'avant-train, semblable à celui de la pièce, porte les clefs à écrous, une pioche, deux haches, une volée de bout de timon et un palonnier de rechange.

L'arrière-train, construit comme l'affût, porte deux roues

de rechange, deux piquets, un cric, un brancard, un timon de rechange. Le coffre forme trois compartiments avant et trois compartiments arrière ; le compartiment arrière de gauche est divisé en trois cases superposées.

L'arrière-train du chariot de batterie n° 2 porte quatre roues de rechange, une volée de bout de timon, deux palonniers, un timon et un essieu de rechange. Le compartiment arrière de droite contient des récipients à eau.

3ᴱ PARTIE.

RÉPARATIONS.

Si les voitures sont abîmées au point que des pièces doivent être changées, on utilise d'abord les pièces de rechange. Lorsque celles-ci sont toutes mises en service, on complète certaines voitures au moyen des autres. Avant tout, les voitures-pièces devront être en état de rouler. Entre autres pièces, les suivantes sont interchangeables dans toutes les voitures de la batterie de combat et le chariot de batterie n° 2 : roues, timons, volées de bout de timon, palonniers, essieux et leurs accessoires, crochets d'avant-train.

Si l'affût est complètement hors de service, la mitrailleuse est placée sur l'arrière-train du caisson.

Si une roue est complètement brisée, et qu'on ne puisse la remplacer immédiatement, on fixe avec des cordes, à la place de cette roue, un arbre, de telle sorte que la voiture, à peu près horizontale, puisse être traînée, l'arbre faisant office de patin.

Les troupes de mitrailleuses, pour éviter la gêne provenant de la production de la vapeur, sont munies de tubes d'échappement. Ce tube est d'abord placé, comme un serpentin d'alambic, dans un récipient à eau ; puis, quand l'eau bout, et par conséquent ne condense plus la vapeur, on enterre l'extrémité du tube.

Mais il n'est pas facile d'enfoncer en terre ce tube qui crache de la vapeur et de l'eau bouillante; il vaut mieux commencer par le mettre en terre; puis, lorsque la vapeur s'élève du sol, on met le tube en communication avec le récipient d'eau.

Dans le même but, on ajoute dans le manchon une certaine quantité de liquide réfrigérant; mais ce liquide est très vite échauffé par le canon brûlant, il bout bientôt et la vapeur ne tarde pas à se produire de nouveau.

Il est plus pratique de laisser l'eau chaude dans le manchon, de changer le canon et de remplacer l'eau qui s'est évaporée. L'eau chaude n'échauffe pas sensiblement le nouveau canon, puisqu'elle a été refroidie, et l'on pourra tirer un certain temps avant d'être de nouveau incommodé par la production de vapeur.

Le tube d'échappement est dirigé à gauche et en arrière de la pièce.

PROJET DE RÈGLEMENT

sur le Tir des Mitrailleuses

(26 octobre 1911)

I. — NOTIONS THÉORIQUES

1. — Les prescriptions du règlement sur le tir de l'infanterie sont applicables aux mitrailleuses; le règlement sur le tir des mitrailleuses les complète.

2. — La gerbe produite par le tir d'une mitrailleuse est beaucoup plus dense que celle qui résulte du tir d'un détachement d'infanterie, car les erreurs de pointage déplacent la gerbe, mais ne modifient pas le groupement.

3. — Si l'on recueille la gerbe sur un plan vertical, on obtient le groupement vertical de la gerbe, mesurant la dispersion totale de l'arme. Le diamètre vertical du groupement est généralement plus grand que le diamètre horizontal; la dispersion croît avec la distance.

4. — L'ensemble des points de chute (la ligne de mire étant horizontale) dessine le groupement horizontal; la profondeur du terrain battu est la distance entre le point de chute le plus rapproché et le plus éloigné. Cette profondeur diminue quand la distance augmente.

5. — La partie centrale de la gerbe, contenant environ 75 p. 100 des projectiles, est la partie utile.

6. — Lorsqu'on utilise le fauchage en profondeur, la zone battue augmente. Les projectiles se répartissent d'une façon à peu près uniforme dans toute la partie utile.

FIG. 1. — La gerbe vue de côté.

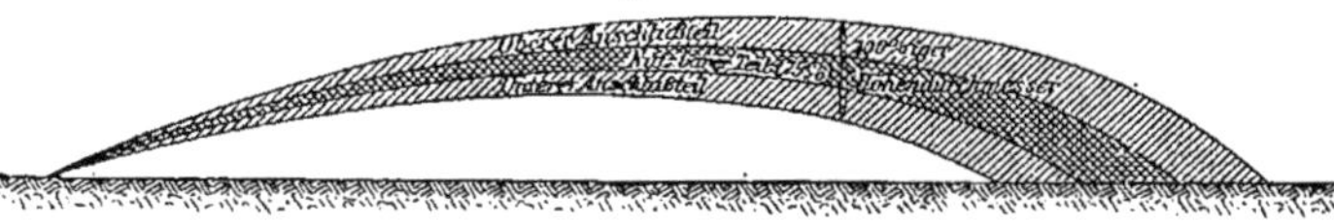

7. — Les tableaux suivants, articles 8, 9, 10. donnent des indications relatives à la constitution de la gerbe.

ART. 8. — *Table de*

DISTANCES. / Hausses employées.	50	100	150	200	250	300	350	400	450	500	550	600	650	700	750	800
400	0.15	0.25	0.35	0.35	0.35	0.30	0.20	0	-0,30	-0,65						
500	0,20	0.40	0.55	0,65	0.70	0.70	0.65	0.50	0.30	0	0,40	-0,85	-0,85			
600	0.30	0.50	0.75	0.90	1.05	1,10	1,15	1.10	0.95	0.70	0.40	0	-0,50	-1,20		
700	0.35	0.70	1.00	1,25	1,45	1,65	1,75	1,75	1.70	1.55	1.35	1.00	0,55	0	-0,75	-1,70
750	0,40	0.80	1.15	1.45	1.70	1.90	2.05	2.15	2.15	2.05	1.90	1,60	1.20	0.65	0	-0,90
800	0.45	0.90	1.30	1.65	2.00	2.25	2.45	2.60	2,65	2.60	2.50	2.25	1,95	1.45	0,75	0
850	0.50	1.00	1.45	1.90	2,25	2.60	2,85	3,05	3.15	3.15	3.10	2.95	2.65	2.25	1.65	0,90
900	0,60	1.15	1,65	2.15	2,60	2.95	3.30	3.55	3.75	3,80	3,80	3.70	3.50	3,15	2.65	1,90
950	0,65	1,30	1,85	2.40	2,95	3,40	3.80	4.15	4,35	4,50	4.55	4.55	4.40	4,15	3,70	3,05
1000	0,75	1.45	2,00	2.70	3,30	3.85	4.30	4.70	5.00	5.25	5,40	5,45	5.40	5,20	4,80	4,25
1050	0.80	1,60	2,30	3,10	3,70	4.30	4.90	5,40	5,80	6.10	6,30	6,40	6.40	6,30	6.00	5,50
1100	0.90	1.80	2,60	3.40	4,20	4.80	5.50	6.00	6.60	6,90	7,20	7,50	7.50	7,50	7,30	7,00
1150	1,00	2.00	2,90	3,80	4.70	5.40	6.20	6.80	7.40	7.90	8.30	8,60	8.80	8.80	8.70	8,40
1200	1,10	2,20	3,30	4,20	5,20	6,00	6,80	7.60	8.30	9.00	9,50	9.80	10.1	10.2	10,2	10,1
1250	1.20	2.40	3,60	4.60	5.70	6.70	7.60	8.50	9,30	10.0	10.6	11.1	11.5	11.8	11.9	11,8
1300	1.30	2.60	3,90	5.10	6.30	7,40	8.40	9.40	10.3	11.1	11.9	12.5	13.0	13,4	13,6	13,6
1350	1.50	2.90	4.30	5.60	6.90	8.10	9.30	10.4	11.4	12.4	13.3	14.0	14.7	15.2	15.5	15,6
1400	1,60	3.10	4.70	6,10	7.60	8.90	10.2	11,5	12,6	13,7	14,7	15.6	16,4	17,0	17,5	17,8
1450	1,70	3.40	5.10	6.70	8.30	9.70	11.2	12.6	13,9	15.2	16.3	17.3	18.3	19,0	19,6	20,1
1500	1,80	3.70	5,50	7.30	9.00	10.6	12,2	13.7	15.2	16.6	17.9	19,1	20.2	21.1	21.8	22,4
1550	2.00	4,00	6.00	7.90	9.70	11.6	13.3	15.0	16.6	18.1	19.6	20.9	22.2	23.3	24.2	24,9
1600	2.20	4,30	6.50	8,60	10.5	12,5	14.5	16.3	18,1	19.8	21 4	22.9	24.3	25 5	26 7	27.6

ordonnées en mètres.

850	900	950	1000	1050	1100	1150	1200	1250	1300	1350	1400	1450	1500	1550	1600	1650	1700	
-1,85																		
-1,0	-2,2																	
0	-1,15	-4,55																
1.05	0	-1,35	-2,9															
2.2[illegible]	1.20	0	-1,50	-3,25														
3,50	2,60	1.40	0	-1,70	-3,65													
4,90	4,00	2,90	1,60	0	-1.9	-4,1												
6.40	5,60	4.60	3,30	1,80	0	-2,2	-4,7											
8,00	7,30	6.40	5.20	3.80	2,00	0	-2,4	-5,3										
9,70	9,10	8,30	7.20	5,90	4,30	2.30	0	-2.7	-5.9									
11.6	11,1	10.4	9.40	8.20	6,70	4,90	2.60	0	-3,0	-6,5								
13.5	13,2	12,5	11.7	10,6	9.20	7,50	5,40	2.90	0	-3,4	-7,3							
15,6	15,4	14,9	14,2	13,3	12.0	10,5	8.50	6,10	3,30	0	-3.8	-8,0						
17,9	17.9	17.5	16,9	16.1	15.0	13.6	11,7	9,40	6,80	3,60	0	-4,1	-8,6					
20,3	20,4	20.2	19,7	19,0	18,0	16,7	15.0	12.9	10,4	7,40	3.90	0	-4,4	-9.3				
22,8	23,0	23,0	22,6	22.1	21,2	20,0	18,5	16,6	14,2	11,3	8,00	4,20	0	-4.8	-10,2			
25,4	25.7	25.9	25.7	25.1	24,7	23,6	22.2	20.4	18,3	15,5	12,3	8,70	4.60	0	-5.3	-11.2		
28.3	28,7	29,0	29,0	28,8	28,3	27,4	26,1	24,5	22,5	20,0	17,0	13,5	9,50	5.10	0	-5,8	-12,2	

ART. 9. — *Ecart total vertical dans le tir en profondeur.*

DISTANCES.	FAUCHAGE en profondeur, 50 mètres.	FAUCHAGE en profondeur, 100 mètres.	DISTANCES.	FAUCHAGE en profondeur, 50 mètres.	FAUCHAGE en profondeur, 100 mètres.
800	6,0	7,7	1300	12,0	14,3
900	6,8	8,7	1400	14,1	16,7
1000	7,8	9,7	1500	16,4	19,6
1100	8.9	10,9	1600	19,1	22,7
1200	10,3	12,4			

ART. 10. — *Profondeur totale et zones efficacement battues par le feu, sans ou avec fauchage en profondeur.*

DISTANCES.	SANS FAUCHAGE.		FAUCHAGE de 50 mètres.		FAUCHAGE de 100 mètres.		FAUCHAGE de 200 mètres.		FAUCHAGE de 300 mètres.	
	Profondeur totale.	Zone efficacement battue.	Profondeur totale.	Zone efficacement battue.	Profondeur totale.	Zone efficacement battue.	Profondeur totale.	Zone efficacement battue.	Profondeur totale.	Zone efficacement battue.
800	250	80	350	140	460	190	»	»	»	»
900	220	75	290	120	385	170	480	230	»	»
1000	200	70	250	110	330	150	420	220	600	300
1100	185	70	220	100	290	140	375	210	530	300
1200	170	65	200	90	260	130	340	200	480	300
1300	»	»	190	85	240	120	310	200	440	300
1400	»	»	»	»	225	110	280	200	410	300
1500	»	»	»	»	215	105	260	200	380	300
1600	»	»	»	»	210	100	250	200	350	300

II. — INSTRUCTION DU TIR

11. — Les exercices de tir avec la mitrailleuse constituent l'une des branches les plus importantes de l'instruction; ils doivent être étudiés avec le plus grand soin. Le commandant de compagnie en est responsable.

12. — Les officiers, sous-officiers et tireurs doivent parfaitement connaître l'arme, son rendement et son emploi, être en mesure de reconnaître les avaries et de faire disparaître les enrayages.

13. — L'instruction comprend :

A) Les exercices préparatoires ;

B) Les tirs d'instruction ;

C) Les tirs de combat.

A) Exercices préparatoires.

Généralités.

14. — L'instructeur explique d'abord le fontionnement de l'arme, le mécanisme de hausse et le pointage.

15. — En même temps, il fait des théories sur le pointage et le maniement de l'arme, et fait exécuter des exercices de pointage dans les différentes positions et des tirs à blanc.

16. — On ne passe au tir réel que lorsque le pointage est absolument correct.

17. — Pour servir la pièce au combat d'une façon utile, les servants doivent apprendre à exécuter avec habileté et intelligence tous les ordres du chef de pièce.

Ces ordres sont relatifs aux points suivants :

Emplacement de la pièce;

Hauteur de la pièce, en tenant compte du champ de tir et des couverts;

Stabilité de la pièce ;
Chargement correct ;
Placement de la hausse ;
Désignation de l'objectif ;
Pointage précis dans toutes les positions ;
Suppression des enrayages.

18. — L'acuité visuelle doit être sans cesse développée par des visées à grande distance et sur des objectifs de guerre peu visibles.

Les hommes dont la vue est insuffisante sont échangés par le régiment ou le bataillon de chasseurs de rattachement.

Mise en place de la mitrailleuse.

19. — Suivant la hauteur à laquelle on place la mitrailleuse, hauteur qui dépend du terrain, des circonstances du combat et de la conformation du pointeur, on distingue la mise en place pour l'homme couché, assis, à genou ou debout.

20. — Couché, le pointeur a les jambes étendues, un peu écartées ou croisées. Il soulève le haut du corps et la tête autant qu'il est nécessaire, les coudes appuyés sur le sol ou les bras serrés contre les patins du traîneau.

21. — Assis, le pointeur place les jambes de part et d'autre du traîneau ; les bras sont appuyés sur les cuisses ou croisés sur la poitrine.

22. — A genou, le pointeur met un genou à terre. Le corps est droit ou penché en arrière, les bras croisés.

23. — Debout, derrière un parapet ou un affût, le pointeur, se fendant latéralement, se penche en avant autant que sa conformation l'exige, et croise les bras sur la poitrine, ou bien les appuie.

24. — Lorque le tireur connaît bien ces positions, il apprend à les utiliser en terrain varié.

Pointage.

25. — Le pointage a pour but de donner à la mitrailleuse la direction et l'inclinaison nécessaires pour que la ligne de mire, prise avec la hausse voulue, passe par le point à viser. La hausse est verticale, le guidon apparaissant au milieu du cran de mire.

EXÉCUTION.

26. — Placer la mitrailleuse à la hauteur voulue, en faisant face au but. Au besoin, établir au moyen des outils une base bien horizontale.

a) *Mitrailleuses modèle* 1908, B. *modèle* 1901.

Placer la hausse, desserrer le frein de pointage en hauteur, pousser vers le haut la manivelle de pointage en hauteur; diriger la mitrailleuse vers le but, abaisser la manivelle; desserrer le frein de pointage en direction; pointer en direction; serrer le frein de pointage en direction; achever le pointage en hauteur en agissant sur la manivelle; serrer le frein de pointage en hauteur; saisir les poignées. Le pointeur annonce : « N° 1 (2, etc.) prêt! »

27. — Il faut attacher une importance particulière à la correction et à la rapidité du pointage. L'instructeur s'assure toujours de la correction du pointage.

Le pointage est exécuté d'abord au moyen des cibles des tirs d'instruction; puis, le plus tôt possible, au moyen d'objectifs de combat choisis dans la campagne.

Différents genres de feux.

28. — Outre le feu coup par coup, qui ne sert qu'à l'instruction, on distingue le feu de salve et le feu continu.

29. — Le feu de salve est un tir d'environ 50 cartouches, qui ne sert qu'à l'évaluation de la hausse et au choix du point à viser.

30. — On l'exécute, l'arme fixée en hauteur et en direction. Les deux mains tiennent les poignées sans trop de force. Au commandement de « Attention ! » le tireur lève la pièce de sécurité avec le pouce droit, tandis que le pouce gauche appuie sur la détente jusqu'à ce qu'il éprouve une résistance. Puis la main droite se reporte à la poignée, le pouce sur la détente. Au commandement de « Feu de salve ! » les deux pouces appuient régulièrement sur la détente. Après un tir de 50 coups environ, ou au signal de « Cessez le feu ! » le feu cesse, la pièce est rendue libre en hauteur et en direction.

31. — Le tir continu est le tir d'efficacité; il ne sera interrompu que lorsque les circonstances l'exigeront.

Il comprend :

Le tir sur un point;

Le tir avec fauchage en largeur;

Le tir avec fauchage en profondeur,

et est exécuté, la mitrailleuse étant libre en hauteur et en direction.

32. — Au commandement de « Tir continu ! » le tireur lève la pièce de sécurité avec le pouce droit, et, avec le pouce gauche, appuie sur la détente jusqu'à ce qu'il éprouve une résistance. Puis la main droite se porte à la manivelle du pointage en hauteur, le pouce gauche actionnant la détente.

La main gauche tient la poignée avec force.

33. — Le feu sur point fixe est dirigé sur un point défini; dans la direction duquel le pointeur doit s'efforcer de maintenir la ligne de mire.

Pour le feu avec fauchage en largeur, la mitrailleuse est déplacée lentement et régulièrement dans le sens latéral.

Le fauchage en profondeur est obtenu en déplaçant la gerbe dans le sens de la ligne de tir. La main droite agit sur la manivelle d'une manière régulière, et sans s'arrêter au changement de sens.

Au début de l'instruction, le tireur a une tendance à agir par saccades sur la manivelle; il faut énergiquement réagir contre cette erreur.

B) **Tirs d'instruction.**

Exécution.

34. — Les tirs d'instruction ne doivent être considérés que comme une préparation aux tirs de combat. Ils doivent mettre les officiers, gradés et soldats en mesure de bien tirer et de savoir se servir de la mitrailleuse dans toutes les positions et pour tous les genres de feux.

35. — Tous les lieutenants, sous-lieutenants, gradés et soldats prennent part aux tirs d'instruction (sauf ceux qui sont détachés à titre permanent, le maréchal, les armuriers, l'infirmier, les trompettes, les conducteurs et les ordonnances d'officiers).

36. — Chaque tireur doit exécuter dans l'année tous les tirs prescrits pour sa classe, autant que possible avec la même mitrailleuse et avec le même chef de pièce. On cherchera à faire tirer chacun sous la surveillance de son chef de pièce.

37. — Il faut s'efforcer de parcourir la série complète des exercices.

Il est interdit de faire exécuter le même jour plus de deux tirs à un tireur.

Tenue : tunique, jugulaire, ceinturon, baïonnette, cartouchières.

Classement des tireurs.

38. — Les servants non encore instruits forment la 2e classe de tireurs; ceux qui ont subi avec succès les épreuves imposées à la 2e classe forment la 1re.

12 servants de la plus jeune classe et 9 de la plus ancienne reçoivent l'instruction de pointeurs.

39. — Les hommes qui reviennent après le 31 mai de l'hôpital, de prison, etc., et qui n'avaient pas pris part auparavant à l'instruction du tir, exécutent des exercices prescrits par le commandant de compagnie, et, s'il est possible, participent aux tirs de combat. Ceux qui rentrent avant cette date font tous les tirs de leur classe.

40. — Le commandant de compagnie répartit les officiers entre les classes de tireurs; il choisit les hommes qui recevront l'instruction de pointeurs, et, à la fin des tirs, prononce le passage des tireurs à la classe supérieure.

Police du tir.

41. — Le sous-officier de tir est chargé des préparatifs.

Il règle la répartition des marqueurs et fait apporter les munitions, les cibles, ce qu'il faut pour écrire, du coton (dans tous les tirs, on met du coton dans les oreilles), les règlements sur le tir des mitrailleuses et de l'infanterie.

Il tient le registre de tir, assure l'entretien du matériel nécessaire au tir et aux exercices préparatoires, surveille les munitions.

42. — Avant le départ pour le tir, avant et après le tir, chaque mitrailleuse est inspectée par le chef de pièce, qui s'assure, au moyen de la baguette coudée, que le canon et le tube d'éjection ne sont pas obstrués.

Il rend compte à l'officier directeur du tir.

Ces prescriptions sont applicables aussi bien au tir à blanc qu'au tir réel.

Surveillance.

43. — La surveillance au tir est assurée : par un officier pour diriger le service, le chef de pièce pour surveiller le tireur, un soldat de première classe pour distribuer les cartouches, un secrétaire pour enregistrer les résultats.

Exceptionnellement, un sergent-major ou un adjudant peut remplacer l'officier; généralement, le personnel de surveillance est relevé toutes les deux heures.

44. — L'officier est responsable de l'ensemble du tir, de la police du champ de tir et de l'observation des mesures de sécurité.

Avant le tir, il s'assure du bon état du champ de tir et des cibles, et du nombre des cartouches apportées. On ne charge que d'après ses ordres.

Pendant le tir, il dirige le tireur et surveille le secrétaire. Il veille à ce que l'arme soit déchargée à chaque arrêt du feu, et ne donne l'ordre de relever les résultats que lorsque la culasse est retirée. L'officier ou le chef de pièce prend note des résultats, soit à la butte, soit au pas de tir. Pendant les tirs de mitrailleuses, les abris de marqueurs ne sont pas occupés.

A la fin du tir, l'officier certifie l'exactitude des résultats inscrits, du nombre des exercices exécutés (en toutes lettres), le nombre des cartouches consommées; il ajoute ses observations, le cas échéant.

45. — Le chef de pièce surveille le tireur; il veille à ce que l'arme ne soit chargée que sur l'ordre de l'officier. Avant de relever les résultats, il fait décharger l'arme et retirer la culasse; puis il s'assure qu'aucune cartouche n'est restée dans le canon ou le tube d'éjection.

Il rend compte à l'officier. De plus, le chef de pièce veille à la bonne position de la cible. Si l'officier est occupé avec le secrétaire, toute la surveillance incombe au chef de pièce.

Aux tirs 3 et 4 et aux tirs des pointeurs, il dirige le feu.

46. — Le soldat préposé à la distribution des cartouches prend en charge, avant le tir, les munitions apportées; il s'assure que les bandes sont chargées réglementairement et remet les boites de cartouches au 3e servant, qui les porte auprès de la mitrailleuse.

47. — Le secrétaire porte à l'encre les résultats sur les situations de tir et sur les livrets individuels qui lui ont été remis auparavant.

Conduite à tenir par la fraction qui tire.

48. — Sur le champ de tir, la fraction qui va tirer se place à quelques pas derrière la mitrailleuse. Les tireurs sont numérotés. Le tireur à considérer fait fonction de pointeur. Il se porte à la mitrailleuse avec le 3e servant et prend la position indiquée pour l'exercice. Il ne charge que sur l'ordre de l'officier. Du reste, se conformer aux articles 19 à 33.

49. Lorsque le tireur a brûlé le nombre de cartouches prescrit, il décharge, retire la culasse et se porte en arrière. Les résultats signalés, il les annonce à haute voix, en indiquant son nom.

50. — Le pointeur, aidé par le 3e servant, doit lui-même remédier aux enrayages. S'ils ont eu une influence néfaste sur le tir, le fait est noté sur la situation de tir et dans les registres de tir.

51. — Il est interdit de chercher à obtenir des résultats meilleurs au moyen d'adoucissements contraires à la préparation à la guerre.

52. — *Tirs à exécuter par les tireurs de 2e classe.*

N° du tir.	Distance.	CIBLE.	Balles à tirer.	POSITION.	TIR A EXÉCUTER.	RÉSULTAT A OBTENIR.	OBSERVATIONS.
1	25	Cible de groupe n° 1.	5	Couché.	Coup par coup sur 5 rectangles désignés par l'instructeur; pièce fixée en hauteur et en direction.	Toucher les 5 rectangles.	Charger la mitrailleuse pour le feu coup par coup; avant chaque coup le pointage est dérangé. Donner l'ordre de commencer le pointage, de ce moment au départ du coup, temps maximum 45 secondes. On ne peut interrompre le tir.
2	25	Cible de groupe n° 1.	20	A genou.	Feu de séries; viser un rectangle déterminé.	Dispersion totale horizontale et verticale, maximum 8 centimètres.	Chercher le groupement dense; ne pas considérer sa position.
3	25	Cible de groupe n° 1.	60	Couché.	Fauchage en largeur.	46 atteintes sur 24 rectangles.	Durée maximum 30 secondes.
4	25	Cible de groupe n° 2.	75	Assis.	Fauchage en largeur.	50 atteintes sur 22 rectangles.	Durée maximum 60 secondes.
5	25	Cible pour le fauchage en profondeur.	60	Assis.	Fauchage en profondeur de 1.500 à 1.200 mètres, le frein du pointage en hauteur desserré. Hausse 400 mètres. Viser le bas d'une cible-buste.	Toucher 9 bandes, au moins 6 atteintes par double bande; au moins 45 atteintes entre les limites latérales.	Durée maximum 12 secondes; on peut régler la rotation de la manivelle en visant avant le tir avec les hausses de 1.500 et 1.200 mètres.

REMARQUE. — Au tir n° 1, on peut donner 3 cartouches supplémentaires; ce tir peut être recommencé jusqu'à ce que le résultat soit satisfaisant; les autres tirs ne sont recommencés qu'une seule fois.

53. — *Tirs à exécuter par les tireurs de 1re classe.*

Nº du tir.	Distance.	CIBLE.	Balles à tiror.	POSITION.	TIR A EXÉCUTER.	RÉSULTAT A OBTENIR.	OBSERVATIONS.
.	25	Cible de groupe nº 1.	5	Couché.	Comme pour la 2e classe; temps maximum 30 secondes.		
2	25	Cible de groupe nº 1.	20	A genou.	Comme pour la 2e classe.	dispersion maximum 7 centimètres.	
3	25	Cible de groupe nº 1.	60	Couché.	Fauchage en largeur.	43 atteintes sur 26 rectangles.	Durée maximum 25 secondes.
4	25	Cible de groupe nº 2.	75	Assis.	Fauchage en largeur.	55 atteintes sur 24 rectangles.	Durée maximum 40 secondes.
5	25	Cible pour le fauchage en profondeur.	60	Assis.	Fauchage en profondeur de 1.500 à 1.200 mètres, les 2 freins desserrés. Hausse 400 mètres. Viser le bas d'une cible-buste.	Toucher 10 bandes, au moins 7 atteintes par double bande ; au moins 50 atteintes entre les limites latérales.	Durée maximum 12 secondes.

Remarque. — Comme pour la 2e classe.

54 — *Tirs spéciaux des pointeurs.*

Distance.	CIBLE.	Balles à tirer.	POSITION.	TIR A EXÉCUTER.	RÉSULTAT A OBTENIR.	OBSERVATIONS.
25	Cible de groupe n° 3.	125	Assis.	Fauchage en largeur.	2e classe : 82 atteintes sur 32 rectangles.	Durée maximum 45 secondes.
					1re classe : 90 atteintes sur 36 rectangles.	Durée maximum 35 secondes.

REMARQUE. — Le tir peut être recommencé une fois.

C) Tirs de combat.

55. — Les tirs de combat se divisent en :

Tirs de la mitrailleuse isolée;

Tirs de la section;

Tirs de la compagnie.

56. — Les tirs de la mitrailleuse isolée et les tirs par section sont exécutés dans l'intérieur de la compagnie. Les tirs de la compagnie sont dirigés par le chef de bataillon.

57. — Les tirs de combat ont lieu autant que possible en toute saison. Chaque compagnie doit disposer à cet effet d'au moins douze demi-journées.

Exécution.

58. — Prennent part aux tirs de combat :

Comme servants (1er, 3e et 4e), tous les tireurs appelés à exécuter les tirs d'instruction.

Comme pointeurs (2e servant), tous les servants désignés comme pointeurs; il est interdit d'employer de préférence les pointeurs particulièrement habiles; il faut chercher à les mettre tous au même niveau.

Si, un même jour, on tire contre plusieurs objectifs, ou plusieurs fois sur un même objectif, on changera le pointeur à chaque tir, sauf le cas où il serait bon de recommencer un tir avec le même pointeur.

Aux tirs de la compagnie, on peut ne pas changer les pointeurs. Comme chefs de pièce, les sous-officiers et les rengagés, ainsi que quelques hommes choisis de la classe la plus ancienne. Comme chefs de section, les lieutenants, sous-lieutenants et les sous-officiers anciens. Comme commandant de compagnie, le titulaire et le chef de section le plus ancien.

59. — Tous les officiers et gradés prenant part aux tirs d'instruction participent aux tirs de combat.

60. — Tenue comme pour les tirs d'instruction, plus le pistolet, la jumelle, les outils, la musette et le bidon.

61. — Il faut observer, en établissant des abris de marqueurs, que la rapidité avec laquelle se succèdent les projectiles se traduit par une pénétration supérieure à celle de la balle isolée. Ces abris devront donc être sérieusement renforcés s'ils ne peuvent être complètement enterrés.

Conduite du feu.

62. — Dans les tirs de combat, on distingue les feux de salve (tir de réglage) et les feux continus (tir d'efficacité).

Si la situation ou l'objectif n'exigent pas un tir d'efficacité immédiat, il est bon de chercher à déterminer la hausse par le réglage.

63. — Le réglage se fait habituellement par section, parfois par compagnie, en tirant sur un point déterminé.

On peut cesser le feu dès que l'on a pu faire les observations nécessaires.

64. — Si le tir de réglage a donné des résultats, chaque chef de pièce, au début du tir d'efficacité, devra vérifier, en tirant sur un point, si la gerbe atteint bien la partie de l'objectif qui lui est attribuée. Il a le droit de modifier la hausse.

65. — Au début du tir d'efficacité, il faut compter sur un raccourcissement ou un allongement des trajectoires ; il faut donc, peu après le commencement de ce tir, rectifier le réglage.

66. — Ce n'est que dans des conditions exceptionnellement favorables (observation facile des points de chute, observation des effets du feu), que l'on pourra exécuter le tir d'efficacité sans aucun fauchage en profondeur.

67. — Mais, en général, ce cas ne se présentera pas. La partie utile de la gerbe est si étroite, qu'il ne sera pas toujours possible dela transporter sûrement et rapidement sur l'objectif; de plus, les variations du centre de gravité du traîneau, dans le fauchage latéral, influent sur la gerbe. Il faudra donc généralement agrandir le terrain battu; on y arrive au moyen du fauchage en profondeur, battant 50, 100, 200 ou 300 mètres.

68. — On obtient le fauchage en profondeur en tournant la manivelle du pointage en hauteur à droite et à gauche; le plateau gradué sert à régler ce mouvement. Si l'on tourne la manivelle de toute la longueur du trait correspondant à la distance, la gerbe est déplacée de 100 mètres; la durée de ce mouvement et du mouvement inverse est d'environ une seconde.

Pour les distances qui ne sont pas indiquées sur le plateau, on choisit des points intermédiaires; il est inutile de se maintenir strictement entre les limites fixées.

69. — Pour un fauchage en profondeur de 50 mètres, on tourne la manivelle d'un quart de trait à droite, puis d'un demi trait à gauche, et ainsi de suite; la ligne de mire descend au-dessous du point à viser lorsqu'on tourne la manivelle à gauche.

70. — Pour battre une profondeur de 200 ou 300 mètres, tourner la manivelle d'une longueur égale à 2 ou 3 traits.

71. — Pour exécuter le tir sur une profondeur de 300, 200, 100 mètres, la mitrailleuse est pointée avec une hausse supérieure de 150, 100, 50 mètres à la distance appréciée. Viser le pied du but. On tourne ensuite la manivelle de 3, 2, 1 trait vers la droite, puis en sens inverse jusqu'à ce que la ligne de mire passe par le pied du but.

72. — La profondeur à battre dépend :

De la nature de l'objectif;

De la distance;

De la précision avec laquelle on a pu évaluer la distance ou faire des observations.

73. — Lorsqu'il faut commencer sans délai le tir d'efficacité contre un objectif, ou si le tir de réglage n'a pas permis de faire des observations suffisantes, on prend dès le début une profondeur de 100 mètres au moins. En général on utilise la profondeur de 300 mètres pour les grandes distances, et celle de 200 mètres pour les distances moyennes.

74. Pendant le tir, les chefs de section et les chefs de pièce doivent sans cesse s'efforcer de resserrer la fourchette; mais ils ne perdront pas de vue qu'un resserrement exagéré peut conduire à l'insuccès.

75. — En général, on peut considérer la hausse comme bonne, si un tiers environ des projectiles peut être observé en avant de l'objectif.

76. — La grande consommation de munitions, la production de vapeur et l'usure du matériel ne permettent de tirer que pendant peu de temps.

Le feu ne sera donc ouvert que sur des objectifs ayant une importance tactique. C'est le rôle des chefs de reconnaître les occasions propices.

77. — Lorque le front de l'objectif est étroit, l'influence du vent doit être corrigée. La déviation augmente avec la distance du but et la vitesse du vent. Si le vent souffle par rafales, et si l'observation est pénible, il est difficile de déterminer la correction de pointage nécessaire; il faut employer alors un léger fauchage à droite et à gauche de l'objectif.

78. — Contre de l'artillerie ou des mitrailleuses en partie défilées, il faut battre toute la zone où se trouve l'objectif; mais on ne peut compter sur un résultat suffisant que s'il est battu de flanc ou d'écharpe.

79. — Le bruit du combat empêchera souvent les hommes d'entendre les commandements et les ordres. Il faudra donc employer les signaux. La liaison entre les commandants de compagnie, chefs de section et chefs de pièce doit être assurée par des hommes désignés spécialement à cet effet; ceux-ci sont responsables de la transmission de tous les ordres.

Effets du feu.

80. — Contre des lignes de tirailleurs couchés ou des mitrailleuses sans boucliers, l'effet utile serait suffisant jusqu'à 1.200 mètres, par suite de la possibilité de déterminer exactement par le réglage la zone à battre; l'effet utile est augmenté si les observations sont possibles.

81. — Des objectifs étendus peuvent subir jusqu'à 1.500 mètres des pertes sensibles, même si les observations sont difficiles.

82. — Les tableaux ci-après donnent des indications à ce sujet.

Vulnérabilité des silhouettes d'hommes couchés.

DISTANCES.	FAUCHAGE EN PROFONDEUR 50m.								FAUCHAGE EN PROFONDEUR 100m.								FAUCHAGE EN PROFONDEUR 200m.							
	PROFONDEUR de la zone efficacement battue.	°/. des coups de plein fouet pour un intervalle entre les silhouettes (en mètres).							PROFONDEUR de la zone efficacement battue.	°/. des coups de plein fouet pour un intervalle entre les silhouettes (en mètres).							PROFONDEUR de la zone efficacement battue.	°/. des coups de plein fouet pour un intervalle entre les silhouettes (en mètres).						
		0,5	0,8	1 »	1,5	2 »	2,5	3 »		0,5	0,8	1 »	1,5	2 »	2,5	3 »		0,5	0,8	1 »	1,5	2 »	2,5	3 »
800	140	2,7	2,1	1,8	1,4	1,1	0,9	0,8	190	1,8	1,4	1,1	0,9	0,7	0,6	0,5	»	»	»	»	»	»	»	»
900	120	2,5	1,9	1,6	1,3	1 »	0,8	0,7	170	1,6	1,2	1 »	0,8	0,6	0,5	»	230	1,4	1 »	0,9	0,7	0,5	»	»
1.000	110	2,2	1,7	1,5	1,1	0,9	0,7	0,6	150	1,5	1,1	0,9	0,8	0,6	0,5	»	220	1,2	0,9	0,8	0,6	0,5	»	»
1.100	100	2 »	1,5	1,3	1 »	0,8	0,7	0,6	135	1,3	1 »	0,8	0,7	0,5	»	»	210	1 »	0,8	0,7	0,5	»	»	»
1.200	90	1,8	1,3	1,1	0,9	0,7	0,6	0,5	120	1,2	0,9	0,8	0,6	0,5	»	»	200	0,8	0,6	0,6	0,5	»	»	»
1.300	85	1,6	1,2	1 »	0,8	0,6	0,5	»	0	1 »	0,8	0,7	0,5	»	»	»	200	0,7	0,5	0,5	»	»	»	»
1.400	85	1,4	1 »	0,9	0,7	0,5	»	»	110	0,9	0,7	0,6	»	»	»	»	»	»	»	»	»	»	»	»

Vulnérabilité des silhouettes d'hommes debout.

DISTANCES.	FAUCHAGE EN PROFONDEUR 100m.								FAUCHAGE EN PROFONDEUR 200m.								FAUCHAGE EN PROFONDEUR 300m.							
	PROFONDEUR de la zone efficacement battue.	°/° des coups de plein fouet pour un intervalle entre les silhouettes (en mètres).							PROFONDEUR de la zone efficacement battue.	°/° des coups de plein fouet pour un intervalle entre les silhouettes (en mètres).							PROFONDEUR de la zone efficacement battue.	°/° des coups de plein fouet pour un intervalle entre les silhouettes (en mètres).						
		0,5	0,8	1 »	1,5	»	2,5	3 »		0,5	0,8	1 »	1,5	2 »	2,5	3 »		0,5	0,8	1 »	1,5	2 »	2,5	3 »
800	190	8,9	6,9	5,9	4,4	3,6	3 »	2,5	»	»	»	»	»	»	»	»	»	»	»	»	»	»	»	»
900	170	8,1	6,3	5,4	4 »	3,2	2,7	2,3	230	6,5	5 »	4,3	3,2	2,6	2,2	1,8	»	»	»	»	»	»	»	»
1.000	150	7,4	5,7	4,9	3,7	2,9	2,4	2,1	220	5,6	4,3	3,7	2,8	2,2	1,9	1,6	300	3,8	2,9	2,5	1,9	1.5	1,3	1,1
1.100	135	6,6	5,1	4,4	3,3	2,6	2,2	1,9	210	4,8	3,7	3,2	2,4	1,9	1,6	1,4	300	3,3	2,5	2,1	1,6	1,3	1,1	0,9
1.200	120	5,9	4,5	3,9	2,9	2.3	1,9	1,7	200	4,1	3,1	2,7	2 »	1,6	1,4	1,2	300	2,8	2,2	1,8	1,3	1,1	1 »	0,8
1.300	110	5,1	3,9	3,4	2,5	2»	1,7	1,5	200	3.4	2,6	2,3	1,7	1,4	1,2	1 »	300	2,4	1,8	1,5	1,1	1 »	0,8	0,7
1.400	110	4,4	3,4	2,9	2,2	1,7	1,5	1,3	200	2,9	2,2	1,9	1,4	1,2	1 »	0,8	300	2 »	1,5	1,3	1 »	0,8	0,7	0,6
1.500	110	3,8	2,9	2,5	1,9	1,5	1,3	1,1	200	2,4	1,8	1,5	1,1	1 »	0,8	0,7	300	1,7	1,3	1,1	0,8	0,7	0,6	0,5
1.600	100	3,3	2.5	2,2	1,6	1,3	1,1	0,9	200	1,9	1,4	1,2	0,9	0,8	0,6	0,5	300	1,4	1.1	0,9	0,7	0,6	0,5	»

83. — Les feux de flanc sont particulièrement efficaces contre tous les objectifs. Au delà de 400 mètres, ce n'est que par eux que l'on obtiendra des résultats suffisants contre l'artillerie ou les mitrailleuses à boucliers.

84. — On ne peut tirer par-dessus ses propres troupes que si l'on occupe une position dominante, ou bien si l'on tire sur une telle position.

Outre les considérations résultant des tableaux (articles 8, 9, 10), il faut tenir compte, pour la sécurité, de la distance restant entre les troupes adverses; il faut de plus que les canons des mitrailleuses soient en parfait état, que les radiateurs soient absolument pleins d'eau et que l'on emploie le feu avec fauchage en profondeur de 100 mètres seulement.

Exercices préparatoires.

85. — On utilise pour les exercices préparatoires des cartouches en bois ou des cartouches à fausse balle.

86. — Les objectifs sont des détachements ou des cibles représentant des objectifs de combat. L'emploi de fanions, même pour représenter l'artillerie ou la cavalerie, n'est pas à recommander. La présence en terrain varié d'objectifs divers, à des distances inconnues, la mesure exacte du temps pendant lequel on suppose un objectif visible ou existant, développent le coup d'œil et la rapidité de décision des chefs et des tireurs.

Tirs de la mitrailleuse isolée.

87. — Ces exercices permettent de surveiller l'exécution de tous les mouvements, d'enseigner les détails aux chefs de pièce et aux servants, et d'habituer les chefs de pièce et les pointeurs à agir de concert.

Si l'on suppose la mitrailleuse encadrée dans la section,

ces tirs offrent de plus l'occasion de pousser l'instruction des chefs de section.

D'autre part, il faut poser aussi aux chefs de pièce des questions qui les fassent agir de leur propre chef.

Tout exercice doit être basé sur un thème simple.

88. — Il faut étudier :

Le choix et l'occupation de la position ;

Les mesures préparatoires à l'ouverture du feu ;

La découverte des objectifs ;

L'exécution des ordres ;

La surveillance des tireurs ;

La coopération dans la conduite du feu ;

Les observations sur l'objectif et leur emploi en vue d'augmenter le rendement du tir ;

Les changements d'objectif ;

Les changements de position.

Toutes les particularités de l'exécution doivent être commentées, et, le cas échéant, rectifiées ou recommencées.

89. — A mesure de la progression de l'instruction, le directeur, par des indications au sujet des points de chute, par des changements dans l'objectif ou par l'apparition de nouveaux objectifs, développe chez les chefs de pièce et les servants la rapidité de la décision et de l'exécution.

Les objectifs sont choisis de plus en plus difficiles.

Tirs de la section et de la compagnie.

90. — Ces tirs suivent ceux de la mitrailleuse isolée, et ont surtout pour but l'instruction des chefs.

91. — Ces exercices sont basés sur des thèmes tactiques simples.

Le but principal reste le développement de l'habileté au tir de la troupe ; on étudiera aussi les moyens de continuer le feu au combat en supposant les pertes, et le remplacement des munitions, du personnel et du matériel.

92. — Les erreurs de hausse grossières sont rectifiées à temps, afin d'éviter le gaspillage des munitions et de ne pas diminuer la confiance des hommes en leur arme.

Pendant les repos, ou à la fin de l'exercice, les résultats sont relevés et communiqués aux tireurs.

A chaque arrêt du feu, on décharge les armes.

93. — Dans la critique des résultats obtenus, on tiendra compte tout d'abord du nombre de silhouettes touchées et de la durée du tir; ensuite, du pour-cent.

On tiendra compte aussi de l'utilisation rationnelle du fauchage en profondeur.

94. — Les résultats sont relevés sur des figuratifs divisés en bandes.

Tirs d'examen.

95. — Les tirs d'examen des compagnies de mitrailleuses ont lieu sous la direction des colonels.

Ceux des groupes de mitrailleuses, sous la direction de l'inspecteur des chasseurs. Un rapport, spécial pour chaque groupe, est présenté à l'empereur le 10 novembre de chaque année.

D) Tirs de démonstration.

96. — Les tirs de démonstration ont pour but de démontrer pratiquement les principes de l'emploi des mitrailleuses.

Ils doivent être organisés de manière à écarter autant que possible toutes les circonstances fortuites qui pourraient influer sur les résultats.

97. — L'inspecteur des chasseurs est autorisé à faire étudier par les groupes de mitrailleuses certaines questions, afin de se procurer les éléments nécessaires pour trancher des points discutés.

III. — ÉVALUATION DES DISTANCES

Appréciation des distances.

98. — Chaque année, on dresse au moins quatre soldats choisis à l'appréciation de toutes les distances à considérer.

Mesure des distances.

99. — L'instruction relative à l'emploi du télémètre est donnée dans la compagnie.

IV. — RÉCOMPENSES DE TIR

Insigne de tir.

100. — Chaque année, reçoivent l'insigne de tir :

1° { par compagnie de mitrailleuses, 3 sous-officiers ;
par groupe de mitrailleuses, 4 sous-officiers ;

2° 3 tireurs de 1re classe, } par groupe ou compagnie.
3° 2 tireurs de 2e classe, }

Les rengagés nommés sous-officiers dans l'année concourent avec les sous-officiers si leur promotion est antérieure à l'exécution du 3e tir, avec les soldats si elle est postérieure.

Les volontaires d'un an reçoivent des insignes de tir, en sus du nombre fixé, s'ils ont obtenu des résultats au moins égaux à ceux du deuxième prix de la 2e classe.

Les sous-officiers et soldats prenant part au concours doivent avoir exécuté tous les tirs de leur classe et avoir obtenu des résultats suffisants dans tous les tirs, sauf celui des pointeurs. On tient compte, en première ligne, du nombre de cartouches consommées; puis, à quantité egale, du total des atteintes et des rectangles touchés.

Prix d'honneur.

101. — Chaque année, les sous-officiers prennent part à un concours de tir à la mitrailleuse.

Les trois meilleurs tireurs de l'ensemble des compagnies et des groupes reçoivent, au nom de l'empereur, une montre sur laquelle est gravé le nom du lauréat.

102. — Exécution. Cible : cible de groupe n° 4;

250 cartouches, position couchée;

Distance, 25 mètres;

Feu continu sur 150 rectangles ;

Durée maxima du tir, 75 secondes.

103. — Les régiments adressent au commandant de corps d'armée le nom de leurs trois meilleurs tireurs, avec les résultats obtenus; le général communique, pour le 5 septembre, au ministre de la guerre, les noms des trois meilleurs tireurs de son corps d'armée.

On tient compte d'abord du nombre de rectangles touchés, puis du nombre d'atteintes; à égalité, le prix est décerné au sous-officier qui a obtenu les meilleurs résultats aux tirs d'instruction.

104. — Les groupes de mitrailleuses donnent les noms de leurs trois meilleurs tireurs à l'inspecteur des chasseurs; celui-ci agit comme les commandants de corps d'armée.

Prix de pointage.

105. — Pour stimuler le zèle des hommes dans les exercices de pointage, chaque groupe organise annuellement deux concours de pointage avec prix. A cet effet, chaque compagnie dispose d'une somme de 25 francs.

Cette somme doit être consacrée tout entière à l'achat de

prix commémoratifs, autant que possible portant des inscriptions.

Il est interdit de donner des prix en argent.

106. — Les prix de pointage sont mentionnés dans les pièces comme les insignes de tir (tir de l'infanterie, art. 239).

PREMIER CONCOURS DE POINTAGE.

107. — Au premier concours de pointage prennent part tous les servants de la plus jeune classe, à l'exception de ceux qui font partie de la 2e classe de soldats (dégradés).

108. — On utilise les six mitrailleuses de la compagnie. Le concours de pointage a lieu avant les tirs de combat.

109. — Les pièces, à la position du pointage à la distance maxima, sont placées à environ dix pas d'intervalle, à la même élévation et dans la même direction.

Les servants prennent la position correspondante.

On pointe huit fois sur des objectifs désignés par le commandant de compagnie.

110. — Le pointage terminé, chaque tireur indique à haute voix le numéro de sa pièce et se porte en arrière. Un officier prend note de l'ordre dans lequel les tireurs ont achevé leur pointage (modèle 5).

Le pointage terminé, les pièces restent immobiles. A chaque pointage, le même officier vérifie toutes les pièces; le pointage est bon si la hausse est bien placée et si la direction de la ligne de mire est correcte, en hauteur et en direction.

111. — Le résultat est indiqué par l'inscription « bon », ou bien par « — », s'il est mauvais.

Chaque pointage mauvais compte pour 6 points.

Les prix ne peuvent être attribués qu'aux tireurs qui ont au moins six fois la mention « bon ».

Les deux tireurs classés les premiers reçoivent les prix.

DEUXIÈME CONCOURS DE POINTAGE.

112. — Le deuxième concours a lieu à la fin des tirs; y prennent part tous les tireurs de 1re classe et les hommes de la plus jeune classe qui reçoivent l'instruction de pointeurs, sauf ceux qui font partie de la 2e classe de soldats (dégradés).

Ce concours est semblable au premier.

Les deux tireurs classés les premiers reçoivent les prix.

V. — CIBLES, MUNITIONS.

Cibles.

113. — Les cibles, de couleur grise, ont les dimensions : 3m,50 de longueur sur 0m,85 de hauteur. Elles sont faites en carton ou en toile, les cadres en bois. Les cibles de carton peuvent, celles en toile doivent être recouvertes de papier.

114. — Cible de groupe no 1 (figure 2).

Coller bout à bout sur le panneau deux bandes horizontales de 0m,60 de long sur 0m,08 de haut.

Ces bandes sont de la même couleur que le fond du panneau et ne doivent pas ressortir.

Chaque bande est encadrée de traits fins et partagée par des traits verticaux en 15 rectangles de 0m,04 de largeur.

Au milieu des rectangles impairs, à 0m,03 du bord inférieur, se trouve une silhouette tête en réduction (hauteur, 15 millimètres; largeur, 25 millimètres).

FIG. 2.

115. — Cible de groupe no 2 (figure 3).

Deux bandes de 15 rectangles, comme celles de la cible nº 1, accolées obliquement.

Pour des exercices particuliers, on peut combiner d'autres figures.

Fig. 3.

116. — Cible de groupe nº 3 (figure 4).

Trois bandes de 15 rectangles accolées obliquement.

Fig. 4.

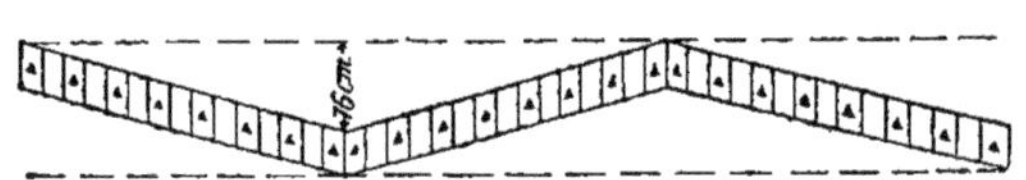

117. — Cible pour le tir avec fauchage en profondeur (figure 5).

Fig. 5.

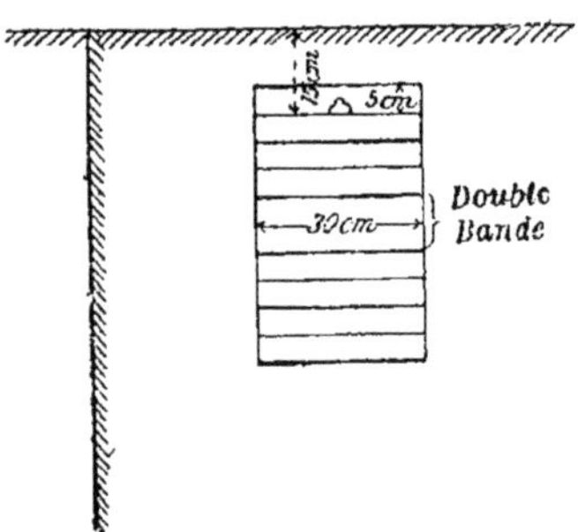

A 15 centimètres du bord supérieur de la cible, on colle une réduction de cible tête, comme dans la cible de groupe nº 1. A la partie inférieure de cette silhouette, on tire une ligne horizontale; puis on trace, à la distance de 5 centimètres, une ligne parallèle en dessus, neuf en dessous, de manière à obtenir dix bandes de 5 centimètres de hauteur. L'ensemble de deux bandes forme une double bande; deux traits verticaux tirés à 15 centimètres, de part et d'autre de la silhouette, limitent la cible dans le sens latéral.

118. — Cible de groupe n° 4.

Cinq bandes de 15 rectangles accolées obliquement, comme dans la figure 4. Les rectangles sont divisés par des traits verticaux, de manière à obtenir au total 150 rectangles de 2 centimètres de largeur.

Munitions.

119. — Chaque compagnie dispose par an, comme munitions d'exercice, de 111.000 cartouches à balle (pour le tir de la mitrailleuse), et 100.000 cartouches à fausse balle.

120. — Sur les cartouches à balle, il faut tout d'abord prélever :

1° Pour les tirs de combat, 70.000 cartouches;

2° Pour le tir d'examen, 7.500;

3° Pour le prix d'honneur des sous-officiers, par sous-officier, 250;

4° Pour les tirs d'essai de mitrailleuses, 1.000;

5° Pour les tirs de démonstration, 1.000.

Le reste est destiné aux tirs d'instruction.

121. — Les 70.000 cartouches des tirs de combat sont réparties de la manière suivante :

1° Pour les tirs de la mitrailleuse isolée, au moins 20.000 cartouches;

2° Pour les tirs par section, au moins 20.000;

3° Le reste pour les tirs de la compagnie.

Il est interdit de faire des économies sur les cartouches réservées aux tirs de combat.

S'il s'en produit, ces cartouches d'économie seront brûlées aux tirs de combat de l'année suivante.

Si l'on fait d'autres économies, on pourra les employer

soit aux tirs de combat, soit à des tirs d'instruction de perfectionnement.

122. — Les 100.000 cartouches à fausse balle seront utilisées, 40.000 environ pour l'instruction et 60.000 pour le service en campagne et les manœuvres.

Fonds.

123. — Il est alloué à chaque compagnie 545 francs, qui doivent être dépensés uniquement pour l'instruction du tir de la compagnie.

VI. — COMPTABILITÉ DU TIR, COMPTES RENDUS

Registre de tir.

124. — Le registre de tir de la compagnie présente tout d'abord un état, par ordre alphabétique et par grade dans chaque classe de tireurs, des officiers, sous-officiers et soldats, indiquant les résultats obtenus par chacun (modèle 1), un état des séances de tir et des munitions consommées (modèle 2), les situations de tir des tirs d'instruction (modèle 3) et des tirs de combat (modèle 4). A la fin se trouve une copie du compte rendu annuel.

125. — Les résultats obtenus dans les tirs d'instruction sont portés de la façon suivante :

o = hors cible ;
∞ = ricochet ;
√ = rectangle.

Les coups qui touchent deux rectangles ne sont comptés qu'une fois.

126. — Les résultats de tous les tirs de combat sont ins-

crits sur des cahiers spéciaux, pour lesquels il n'existe pas de modèle.

Aux tirs de la mitrailleuse isolée, les servants qui font fonction de pointeurs sont désignés nominativement.

Les cahiers servent de base aux inscriptions du registre de tir de la compagnie; ils doivent donc contenir toutes les indications portées au modèle 4.

127. — Les cahiers de tirs de combat servent aux supérieurs à se rendre compte de la marche des tirs de combat.

Il est interdit de faire fournir des rapports spéciaux.

Carnet individuel de tir.

128. — Le carnet individuel contient :

Le numéro de la mitrailleuse, la définition des coups; un état des tirs d'instruction à exécuter par la classe de tireurs à laquelle appartient l'homme; les certificats relatant le passage de la 2e à la 1re classe, l'obtention des insignes de tir et des prix de pointage.

Le carnet se trouve entre les mains de l'homme; en arrivant sur le champ de tir, celui-ci le remet au secrétaire pour l'inscription des résultats; il le reprend avant de quitter le champ de tir.

Comptes rendus.

129. — Les compagnies de mitrailleuses remettent leurs comptes rendus (modèle 6) à leur bataillon.

Les rapports concernant le tir d'examen y sont joints (modèle 4).

VII. — ESSAI DES MITRAILLEUSES

130. — L'essai des mitrailleuses peut être fait pour des mitrailleuses neuves, ou bien si une arme tire mal, lorsque son mauvais fonctionnement semble dû au canon (figure 6).

Fig. 6.

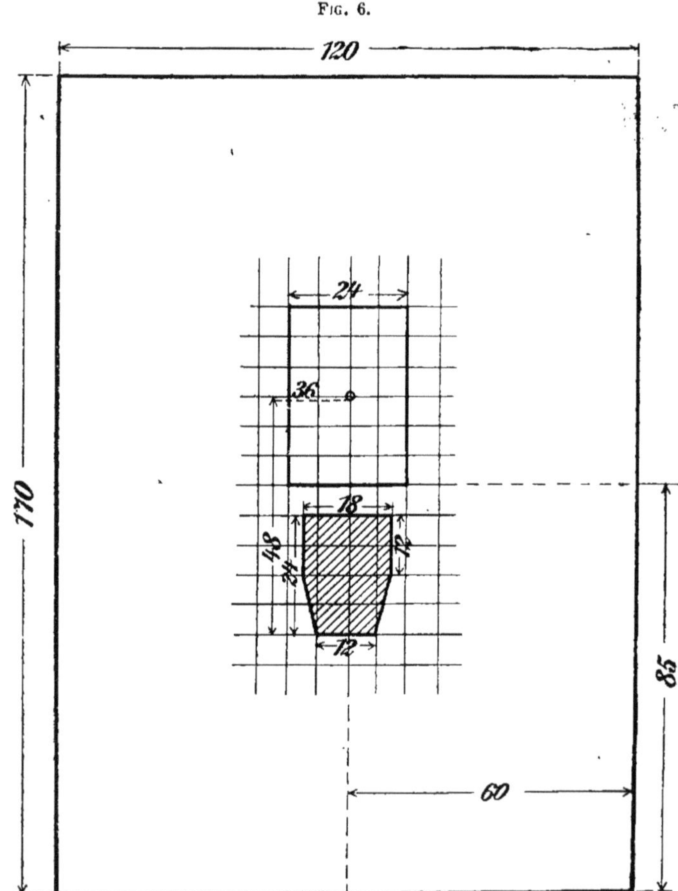

VIII. — DISPOSITIONS SPÉCIALES AUX FORMATIONS DE FORTERESSE

131. — Les prescriptions du règlement sur le tir des mitrailleuses sont applicables à ces formations, sauf en ce qui concerne :

Les tirs de concours;

Les récompenses de tir;

Les registres de tir.

132. — L'année de tir commence avec l'instruction des recrues. Ils doivent exécuter les 2e, 3e et 4e tirs des tireurs de 2e classe, plus, pour les pointeurs, les tirs de pointeurs.

133. — Les tirs de perfectionnement sont déterminés par le directeur de l'exercice.

134. — Il faut s'attacher particulièrement aux tirs de combat, en se plaçant dans les conditions de la guerre de siège.

135. — On ne tient que des feuillets de tir, les carnets individuels de tir et les cahiers des tirs de combat.

136. — Les formations de forteresse disposent de 1.500 cartouches à balle et 1.500 cartouches sans balle par officier ou homme de troupe de l'effectif présent.

Modèle 1.

État des tirs à exécuter.

1re (2e) *classe de tireurs.*

NUMÉRO.	NOM ET GRADE du TIREUR.	TIR 1	2	3	4	5	Pointeurs	TOTAL des CARTOUCHES.	OBSERVATIONS.
		CARTOUCHES ALLOUÉES							
		5	20	60	75	60	125	220 sans / 345 y compris les pointeurs.	
		CARTOUCHES CONSOMMÉES (Les résultats sont portés à l'encre rouge.)							
1	Lieutenant M.								Passé le 1er avril 1909 au bataillon de chasseurs de la Garde.
2	Lieutenant T.								
3	Sergent S.								
4									
16	Sergent L.								

Modèle 2.

1	2		3						4													5	6
NUMÉRO.	Séances de tir.		ONT PRIS PART AUX TIRS.						CONSOMMATION DE MUNITIONS.													Ratés.	Cartouches inutilisables.
			Tireurs de 1re classe.			Tireurs de 2e classe.									TIRS DE COMBAT.								
	Jour.	Mois.	Officiers.	Sous-officiers et rengagés.	Soldats.	Officiers.	Sous officiers et rengagés.	Soldats.	Tirs d'instruction.	Perfectionnement des tirs d'instruction.	Prix des sous-officiers.	Tirs d'essai.	Tirs d'expériences.	Mitrailleuse isolée.	Section.	Compagnie.	Total.	Tir d'examen.	Tirs de démonstration.	Consommation totale.	Munitions consommées par les officiers et hommes de la disponibilité.		

Modèle

Situation de tir n° .

Classe de tireurs *Mitrailleuse n°* .

Servant X.

1 N°.	2 INDICATION DU TIR.	3 SÉANCE DE TIR du	4 RÉSULTATS DU TIR.	5 BALLES TIRÉES et durée du tir en SECONDES.	6 OBSERVATIONS.
		Tir d'instruction.			
1					Indiquer ici les motifs de tout ce qui s'est passé d'anormal, départ, détachement, mutation, congé ou maladie de longue durée. Raisons qui ont fait qu'un homme a interrompu les tirs pendant un certain temps, ou en a exécuté plusieurs en peu de temps ;
2					
3					
etc.					
			Total....		
		Supplément aux tirs d'instruction.			
1					Indication des causes qui ont empêché de brûler toutes les cartouches destinées à un tir. Incidents relatifs à l'arme et à la cartouche, ruptures d'étuis, ratés, etc.
2					
3					
etc.					

A pris part aux tirs de combat de la mitrailleuse isolée du
— — de la section du
— — du groupe du

Concours de tir le

Passage à la 1re classe de tireurs :

Insignes de tir.

Prix de pointage.

MODÈLE 4.

1	2	3	4	5	6		7	8	9	10		11	12				13		14
					DISTANCE évaluée.					BALLES tirées.			ATTEINTES				SILHOUETTES touchées.		
										a	*b*		*a*	*b*	*c*	*d*	*a*	*b*	
Numéro de la compagnie, nom de son chef.	Lieu, jour, heure.	Objectif, nombre, nature, intervalles des cibles ; leur front ; leur position perpendiculaire ou oblique. Le cas échéant, vitesse de translation ; si le feu a été réparti, nombre des cibles affectées au tireur.	Nature du terrain, observation des points de chute ; visibilité de l'objectif, éclairement ; circonstances barométriques, direction et vitesse du vent ; température (centigrades).	Distance réelle.	Mesurée ; durée, avant ou après l'ouverture du feu.	Appréciée.	Hausses employées ; amplitude du fauchage.	Nombre des mitrailleuses.	Durée du tir en minutes et secondes.	Total.	Par pièce et par minute.	Position.	rondes.	obliques.	Total.	Pour cent.	Nombre.	Pour cent.	Organisation de l'exercice ; conduite du commandant de compagnie ; instruction pour le combat de la compagnie ; résultats et répartition du feu.
					Coller ici les figuratifs.														

NOTA. — Relever les résultats sur des bandes de résultats ; les coller immédiatement en dessous du relevé.

REMARQUE. — Si l'on emploie des silhouettes tombantes, calculer les pour cent des silhouettes (13 *b*), mais non ceux des atteintes (12 *d*). Tous les pour cent seront exprimés avec une décimale.

Modèle 5.

Résumé des résultats du 1er (2e) concours de pointage.

NOM.	1er pointage		2e pointage		3e pointage		4e pointage		5e pointage		6e pointage		7e pointage		8e pointage		Résumé			OBSERVATIONS.
	* Numéro.	Pointage.	* Numéro.	Pointage.	* Numéro.	Pointage.	Numéro	Pointage.	* Numéro.	Pointage.	* Numéro.	Pointage.	* Numéro.	Pointage.	* Numéro.	Pointage.	Total des numéros.	Produit par 6 des pointages mauvais.	Total des points.	
Servant A..	4	bon	6	bon	4	bon	5	bon	6	bon	2	—	4	bon	3	—	34	12	46	
Servant B..	1	bon	1	bon	2	bon	2	bon	1	—	1	bon	1	bon	1	bon	10	6	16	1er prix.
Servant C..	2	bon	2	bon	3	bon	4	bon	2	bon	4	bon	2	bon	2	bon	21	»	21	2e prix.
Servant D..	6	bon	5	bon	6	bon	3	bon	3	—	3	—	3	bon	4	—	33	18	51	
etc.																				

(*) Indiquer dans cette colonne l'ordre dans lequel le pointage a été achevé.

Lieu et date.

Nom et grade.

Modèle n° 6.
recto.

Compte rendu de tir.

Désignation de la compagnie.			Officiers.	Sous-officiers et rengagés.	Servants.	Dont font partie de la 1re classe de tireurs. Officiers.	1re classe de tireurs. Sous-officiers et rengagés.	1re classe de tireurs. Servants.	2e classe de tireurs. Officiers.	2e classe de tireurs. Sous-officiers et rengagés.	2e classe de tireurs. Servants.
1. Effectif après l'incorporation.											
2. Diminution.	N'ont pas commencé les exercices.	*a* détaché *b* *c*									
	N'ont pas terminé les exercices parce qu'ils ont quitté le groupe pour cause de	*a* détaché *b* *c* Total									
3. Augmentation.	Ajouter aux chiffres de la ligne 1.	*a* détaché *b* *c* Total									
4. Devaient faire tous les tirs (lignes 1 + 3 — 2).											
5. Parmi les hommes portés en 4.	*a*) n'ont pas fait tous les tirs ;										
	b) ont fait tous les tirs, mais n'ont pas obtenu de résultats satisfaisants ;										
	c) ont obtenu des résultats suffisants.										
6. Ont passé à la classe supérieure.											

REMARQUE. — Le chef armurier, le maréchal ferrant, le trompette, les conducteurs, les ouvriers, l'infirmier ne sont pas portés sur cet état

Modèle n° 6.
verso.

I. — Explications.

Ligne 2. *Diminution.*

N'ont pas commencé les tirs :
1. Soldat X..., ordonnance du capitaine Z...
2. Sergent XX.... malade depuis le 10 octobre, etc.

N'ont pas terminé les tirs :
1. Soldat H..., passé le 25 avril au 1er bataillon de chasseurs.
2. Soldat M..., en prison depuis le 22 juin, etc.

Ligne 3. *Augmentation.*

1. Sergent P... venu le 4 janvier du 1er bataillon de chasseurs.
2. Capitaine R..., versé à la compagnie le 8 mai.

Ligne 5 *a*. *N'ont pas fait tous les tirs.*

1. Soldat H..., rengagé du 17 juillet.

II. — Ont obtenu l'insigne du tir.

III. — Ont obtenu des prix de pointage.

IV. — Tirs de combat.

a) De la mitrailleuse isolée ...
b) De la section .... } ont eu lieu le , à
c) De la compagnie ....

V. — Autres observations du commandant de la compagnie.

Date et lieu : Nom et grade :

TABLE DES MATIÈRES

RÈGLEMENT DE MANŒUVRES

INTRODUCTION

2. — La mission des groupes de mitrailleuses est de participer par leur feu à la lutte. L'essentiel pour eux, c'est de savoir bien tirer, au moment opportun, en occupant l'emplacement le plus favorable pour battre l'objectif le plus favorable.

Il faut pour cela connaître l'arme, avoir une troupe très mobile, des chefs ayant le sens tactique et des tireurs pleins d'initiative qui, dévoués cœur et âme à l'empereur et à la Patrie, s'efforcent encore de vaincre, alors même qu'ils ont perdu tous leurs chefs.

6. — Les groupes de mitrailleuses ne seront utiles au combat que si les hommes sont habitués, par des exercices très fréquents, à utiliser le terrain, à choisir judicieusement leur emplacement, à apprécier et à mesurer exactement les distances, à régler rapidement leur tir, et s'ils connaissent les procédés tactiques des autres armes, surtout de l'infanterie.

Les manœuvres avec les autres armes sont donc à recommander, car elles seules permettent de connaître les difficultés de l'emploi des mitrailleuses et de les surmonter.

9. — Les signaux transmis au moyen de fanions sont les mêmes que pour les autres armes. (A remarquer que, depuis le mois d'août 1909, le signal « Compris » est fait en décrivant avec le bras un grand cercle devant le corps.)

PREMIÈRE PARTIE

B) **Ecole de la mitrailleuse non attelée.**

Généralités.

77. — L'emploi de la mitrailleuse isolée est la partie la plus importante de l'instruction.

78. — Elle commence dès l'incorporation des recrues.

Tous les servants doivent connaître toutes les fonctions des servants; les plus aptes doivent être en mesure de remplacer le chef de pièce.

Tous les conducteurs doivent connaître suffisamment les fonctions des servants pour pouvoir servir d'auxiliaires.

79. — Le service de la mitrailleuse exige un chef de pièce et quatre servants, numérotés de 1 à 4; le servant nº 2 est aussi désigné sous le nom de pointeur (1).

L'homme chargé du télémètre peut, sur l'ordre du commandant du groupe, se joindre définitivement ou temporairement à la pièce qui porte l'instrument; le commandant du groupe affecte les sous-officiers (y compris l'armurier et l'infirmier), les servants de remplacement, etc., à l'échelon, en se conformant aux indications réglementaires.

80. — Les servants remplissent leurs fonctions dans une attitude libre et sans contrainte; leurs mouvements sont vifs ; ils agissent de concert.

Le chef de pièce et le pointeur peuvent se concerter au sujet du but indiqué.

---

(1) Dans les compagnies, chaque caisson est accompagné de quatre servants, dont un chef de caisson. L'homme chargé du grand télémètre est en même temps chef de caisson.

Les chefs de pièce et de caisson sont assis à côté des conducteurs, sur les voitures.

Les servants ne rectifient pas la position pendant toute la durée du tir.

Places du chef de pièce et des servants.

81. — A pied (les servants 1 et 4 ayant la carabine à la grenadière, celles des servants 2 et 3 étant fixées à l'affût), les servants se tiennent à deux pas derrière la mitrailleuse, le chef de pièce près de l'extrémité du timon, tous face en avant (fig. 2).

Au commandement de *Servants*, — *Montez*, chacun prend sa place le plus vite possible (fig. 3).

Fig. 2. Fig. 3.

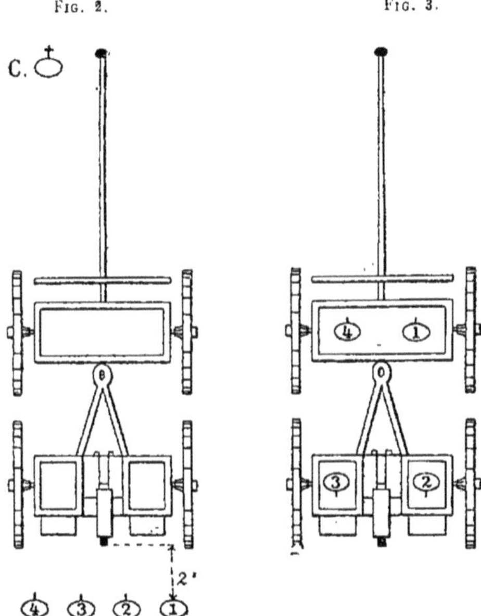

Les hommes, l'attitude droite et militaire, s'assoient à fond sur les sièges, s'adossent fortement et s'arc-boutent des pieds ; la main extérieure saisit la galerie de côté. Les servants placés sur l'avant-train se donnent le bras ; les 2e et 3e servants se tiennent de la main intérieure aux anneaux du traineau.

82. — *Servants,* — *Descendez.*

Les servants descendent vivement et reprennent leurs places de la figure 2.

Ces mouvements ne sont faits que de pied ferme.

83. — Les hommes affectés à l'échelon exécutent ces mouvements de la même manière.

Séparer et réunir les trains.

84. — La séparation des trains doit être étudiée, les hommes étant montés ou non.

En principe, une fois les trains réunis, les servants montent sur les voitures. Si l'exercice a lieu sans chevaux, l'avant-train est trainé par des hommes, suivant les articles 163 à 168.

En batterie, face en avant.

85. — *Pour tirer.* — *Halte! Face en avant.* — *En batterie!*

Au commandement de « Face en avant », le chef de pièce et les servants descendent vivement de cheval ou de la voiture.

Le chef de pièce remet les rênes de filet au conducteur de tête et choisit l'emplacement de sa mitrailleuse.

Le 4e servant se porte à hauteur de la lunette de cheville ouvrière, à gauche de l'affût, face à cet affût, et retire la clavette du crochet; le 1er servant se porte en face de lui, à droite; tous deux saisissent à deux mains la flèche.

Le pointeur enlève le couvre-bouche, l'accroche à l'anneau de gauche du traineau, et se porte à la roue droite de l'affût; le 3e servant ouvre le moraillon de la porte supérieure de l'affût, à côté de la corbeille à étuis, et se porte à la roue gauche. Le pointeur saisit les rais de manière à tourner la roue vers la crosse d'affût, le 3e servant en sens inverse.

Au commandement de « En batterie », les 1er et 4e servants retirent la lunette du crochet. Le 4e servant commande : *Ferme!* (pour les mouvements de l'avant-train, voir art. 163).

La crosse de l'affût est tournée vers le 4e servant; les 2e et 3e servants agissent sur les roues, de telle sorte que le mouvement s'effectue approximativement autour d'une verticale passant par le milieu de l'essieu. Puis, sans commandement, la mitrailleuse est amenée à l'emplacement où se trouve le chef de pièce.

Le pointeur se met à cheval par-dessus l'affût et donne à la pièce une direction sensiblement horizontale. Le 3e servant ouvre la porte supérieure de l'affût et le couvercle de la 2e boite à cartouches, et saisit l'extrémité de la bande de cartouches. Le 1er et le 4e servant se baissent et soutiennent la crosse d'affût posée à terre. Le chef de pièce se place à la gauche du pointeur.

En batterie, face en arrière.

86. — *Pour tirer. — Halte! Face en arrière. — En batterie!*

Au commandement de : « Face en arrière », le chef de pièce et les servants exécutent ce qui est prescrit pour « Face en avant » ; mais les servants 2 et 3 ne se portent pas aux roues.

Le commandement de : « En batterie » est exécuté comme à l'article 85, mais la crosse d'affût est immédiatement posée à terre.

S'il est nécessaire d'avancer ou de reculer la mitrailleuse, au commandement de « En avant (En arrière) » du chef de pièce, les 2e et 3e servants s'appliquent aux roues, et se conforment à l'article 85.

Mouvements de l'avant-train, voir art. 164.

En batterie, face à droite (gauche).

87. — *Pour tirer. — Halte ! Face à droite (gauche). — En batterie.*

Le mouvement se fait suivant l'article 85, mais la pièce est tournée d'un angle droit, la bouche dans la direction indiquée ; l'avant-train passe derrière l'affût (art. 165).

Réunir les trains.

88. — *Face en avant. — Accrochez l'avant-train !*

Au commandement : « Face en avant », les 1er et 4e servants saisissent la flèche ; les 2e et 3e, après avoir déchargé la pièce et l'avoir mise à la position de route, s'appliquent aux roues comme article 85.

Au commandement de : « Accrochez l'avant-train », soulever la crosse, tourner l'affût comme pour mettre en batterie, l'accrocher à l'avant-train. Pour les mouvements de l'avant-train, voir article 166.

Le 4e servant place la clavette du crochet ; le 2e, le couvre-bouche, le 3e ferme le moraillon de la porte supérieure de l'affût. Ensuite le chef de pièce monte à cheval, les servants sur les voitures.

89. — *Face en arrière. — Accrochez l'avant-train !*

Les servants manœuvrent comme précédemment, mais les 2e et 3e s'appliquent aux roues pour tourner l'affût.

Au commandement d'exécution, l'affût est amené près de l'avant-train.

Si c'est l'avant-train qui doit venir auprès de la pièce, le commandement de : « Face en arrière » est suivi de : « Avant-trains en arrière ». Les servants 2 et 3 s'appliquent aux roues.

90. — *Face à droite (gauche). — Accrochez l'avant-train!*

Le mouvement s'exécute comme face en avant ; mais les

servants 2 et 3 s'appliquent aux roues de l'affût, de manière à en tourner la crosse vers l'avant-train.

Pour les mouvements de l'avant-train, voir article 168.

Descendre la mitrailleuse de l'affût, la mettre en position, ainsi que le traîneau à munitions.

91. — Ces mouvements sont d'une importance extrême pour permettre l'ouverture du feu en temps utile ; ils doivent être étudiés avec un soin tout particulier.

92. — Les servants doivent être familiarisés avec le passage de fossés, de haies, etc., lorsqu'ils portent la mitrailleuse débarrassée de son affût. Ils doivent aussi savoir se déplacer en utilisant les moindres couverts. Mais ils n'oublieront pas que, dans la plupart des cas, le meilleur chemin est la ligne droite.

Dans la prise de position et pendant le tir, les servants ne doivent pas offrir un objectif plus grand qu'il n'est strictement nécessaire.

Il faut attacher un grand prix à l'appréciation ou à la mesure des distances, ainsi qu'à la rapidité avec laquelle les servants voient le but.

ENLEVER DE L'AFFUT LA MITRAILLEUSE.

93. — *Pour tirer.* — *Halte! Enlevez la pièce, face en avant (en arrière, à droite, à gauche).*

Le chef de pièce et les servants descendent rapidement le chef de pièce passe les rênes de filet au conducteur de devant, et choisit l'emplacement de sa pièce dans la direction indiquée.

Le pointeur détache le traîneau, place horizontalement les supports du traîneau avec l'aide du 3e servant ; ensemble, ils tirent la pièce en arrière.

Le 4e servant ouvre la porte gauche de l'avant-train et,

aidé par le 1er, sort un traîneau à munitions. La pièce et le traineau à munitions sont déposés à deux pas derrière la voiture, ou à côté de celle-ci.

Le 1er servant sort un récipient à eau; le 4e ferme la porte de l'avant-train.

METTRE LA PIÈCE EN POSITION.

94. — *Portez (Traînez) les pièces. — Marche!* (ou *Marche! Marche!*)

Au signal du chef, les pièces et les traîneaux sont amenés aux emplacements indiqués par les chefs de pièce. Suivant les circonstances, les pièces sont traînées ou portées; le choix peut être laissé aux chefs de pièce ou aux pointeurs.

95. — Au commandement de « Portez la pièce », les bricoles sont attachées aux traineaux, les servants s'appliquent aux traineaux de la pièce et des cartouches; le 3e servant le dos à la bouche de la pièce, le 2e tourné vers la pièce, le 1er à l'avant, le 4e à l'arrière du traîneau à munitions. Pour de petites distances, on peut négliger l'emploi des bricoles.

Au commandement de « Traînez la pièce », les bricoles sont attachées, celles du traîneau à munitions dans les petites échancrures externes de l'avant. En principe, lorsque la pièce est traînée, les supports sont relevés et la bouche tournée en avant.

Dans un terrain difficile et pour de grandes distances il peut être avantageux d'employer les quatre servants au transport de la pièce.

Pour porter la pièce à quatre. — Marche! (*ou Marche! Marche!*)

Chaque servant prend une boîte à cartouches dans la main extérieure. Ces mouvements peuvent être exécutés au signal. (Comparer article 259, 2e alinéa.)

96. — Arrivés au point indiqué par le chef de pièce, les servants décrochent les bretelles et les mettent autour du corps. Le 2e (à gauche) et le 3e servant (à droite) placent les supports du traîneau à la hauteur indiquée par le chef de pièce. Pour éviter le renversement de la pièce, il faut avoir soin de la faire reposer sur un sol horizontal, rendu tel au besoin au moyen des outils.

Le 2e servant enlève le couvre-bouche, l'accroche à l'anneau de gauche de la semelle du traîneau et prend derrière la pièce la position voulue. Le 3e servant prend la première boîte à cartouches, la place tout à côté de la pièce, à la hauteur du distributeur, l'ouvre et prend à la main l'extrémité de la bande (1).

97. — Les 1er et 4e servants placent le récipient à eau et le traîneau à munitions à deux pas à droite de la pièce. Le chef de pièce fait charger.

Le 1er servant est couché près du pointeur, regardant le chef de section et, s'il est possible, le commandant du groupe, pour transmettre leurs indications au chef de pièce.

Le 4e se met à l'abri ; il est chargé de la surveillance et du ravitaillement en munitions.

La liaison des chefs de section entre eux et avec le commandant du groupe peut aussi être assurée par des hommes de l'échelon.

98. — Le télémétreur se rend auprès du commandant du groupe ; sans ordre, il mesure les distances des buts qui apparaissent, ou à des points choisis en avant, et fait connaître au plus tôt ces distances au commandant du groupe. Pendant le combat, il vérifie les résultats obtenus et observe les effets du tir.

---

(1) Le chef de pièce est chargé du tuyau d'échappement de vapeur; il le fixe, avant le feu, à l'ajutage de la pièce ; il l'enlève avant les changements de position et le porte jusqu'au nouvel emplacement.

Mettre la mitrailleuse à la position de route.

TRAÎNEAU DE PIÈCE M[le] 1901 (1).

99. — Desserrer les freins de pointage en direction et en hauteur ; la main gauche laisse ensuite descendre la pièce : la main droite pousse vers le bas le frein du pointage en hauteur, de manière à faire pénétrer les parties en relief dans les encoches inférieures des arcs de pointage en hauteur. Puis la main droite tournant la vis à ailettes de l'hélice (pointage en hauteur), la gauche agissant sur la direction, placent la pièce exactement au milieu du coussin ; la main gauche serre le frein du pointage en direction.

TRAINEAU DE PIÈCE M[le] 1903.

100. — Desserrer les freins des pointages en hauteur et en direction, débrayer le pointage en hauteur ; la main gauche laisse descendre la pièce jusqu'à environ deux doigts du bâti. La main droite pousse vers le bas le levier d'embrayage du pointage en hauteur, pour le faire arriver à la position « fermé ». Puis la main droite tournant le volant, la gauche agissant sur le guide du pointage en direction et appuyant légèrement sur la pièce, placent celle-ci exactement au milieu du coussin. La main gauche serre les deux freins de pointage.

---

(1) Dans les compagnies de mitrailleuses, pour les déplacements assez longs, une fois le traîneau séparé de l'affût, on peut encore exceptionnellement séparer la pièce du traîneau ; le 3e servant porte le traîneau ; le 2e, la pièce : les 1er et 4e se chargent chacun d'une boîte de cartouches.

La mitrailleuse, démontée de la sorte, ne doit pas être remarquée au milieu d'une ligne de tirailleurs.

Replacer la pièce sur son affût.

101. — *Replacez la pièce !*

La pièce déchargée et en position de route, et le traîneau à munitions, sont amenés auprès de la voiture et replacés dans l'ordre inverse de l'enlèvement.

Les servants se comportent comme après avoir accroché l'avant-train.

Charger, décharger, mettre en direction, pointer.

102. — Dans certaines circonstances, plusieurs de ces mouvements doivent être exécutés simultanément.

Charger et décharger.

103. — La charge fait l'objet d'exercices fréquents pour en rendre le mécanisme familier à tous les servants, de jour et de nuit, debout, à genou, assis, couché, et pour arriver à l'exécuter avec la plus grande rapidité.

Chargez !

Le 3e servant passe la bande dans le distributeur ; le 2e, de la main gauche, la tend par saccades, perpendiculairement à l'arme, pousse en avant, de la main droite, le levier de la culasse et l'arrête dans cette position, continue à tirer la bande vers la gauche, laisse revenir en arrière le levier de la culasse ; puis il pousse de nouveau celui-ci en avant, le tient dans cette position, tend encore une fois la bande et laisse revenir le levier.

104. — Au commandement de « Déchargez ! » le pointeur fixe l'appareil de pointage en direction, pousse deux fois en avant le levier de la culasse, en le laissant revenir chaque fois, et couche la hausse. Le 3e servant abaisse de la main gauche le levier qui tient la bande, et retire la bande du

distributeur. Le pointeur s'assure qu'il ne reste de cartouche et d'étui ni dans le canon, ni dans le tube d'éjection.

Puis il place la pièce à la position de route ; le 3e servant met la bande dans la boîte, ferme le couvercle ; si l'on a tiré, la pièce étant sur son affût, il ferme aussi la porte supérieure de l'affût et le moraillon de derrière.

Placer la mitrailleuse en direction.

105. — Les hommes doivent connaître parfaitement le chargement de l'arme dans les diverses circonstances qui peuvent se présenter et dans les différentes attitudes, ainsi que la manière de placer approximativement la pièce en direction.

106. — (Voir Règlement sur le tir des mitrailleuses, art. 19.)

107, 108, 109, 110. — (Voir Règlement sur le tir des mitrailleuses, art. 20, 21, 22, 23.)

Pointer.

111. — Même à la manœuvre, il faut attacher une importance toute spéciale à la précision et à la rapidité du pointage. L'instructeur s'assure toujours de la précision.

Pour augmenter l'acuité visuelle et l'accommodation de l'œil, il faut employer des objectifs de guerre à grande distance et des buts à éclipse.

TRAÎNEAU MODÈLE 1901.

La pièce à la position de route étant amenée à la hauteur voulue et dirigée vers le but, le pointeur place la hausse, débraye le pointage en hauteur, élève avec la main gauche a pièce jusqu'à sa hauteur approximative, et pousse vers le bas le levier d'embrayage pour faire pénétrer les parties en relief dans les encoches des arcs de pointage en hauteur (dégrossissement du pointage en hauteur).

Une fois l'arme chargée, la main gauche desserre le frein du pointage en direction et pointe exactement l'arme en direction, tandis que la droite, agissant sur la vis à ailettes de l'hélice, achève le pointage en hauteur.

Puis le pointeur serre le frein du pointage en direction ; la main gauche saisit la poignée, la droite reste à la vis à ailettes, le pointeur annonce : « 1re (2e, etc.) pièce, prête ! »

TRAÎNEAU Mle 1903.

(Voir Règlement sur le tir des mitrailleuses, art. 26.)

Différents genres de feux.

112. — Le genre de feu varie suivant le but que l'on recherche dans le combat, la nature de l'objectif et les munitions dont on dispose.

113, 114. — (Voir Règlement sur le tir des mitrailleuses, art. 28, 29, 31 et 33.)

115. — Devenu sans effet.

Commandements.

116. — Les ordres doivent être aussi brefs que possible, et énoncer d'abord la direction du tir, puis l'objectif, la hausse et enfin, quand les pièces sont prêtes, le genre de feu à exécuter.

Le but doit être indiqué clairement.

Les objectifs sont désignés par leur position par rapport aux tireurs.

Si l'objectif est difficile à distinguer, il peut être bon de laisser les pointeurs se servir de leurs jumelles, pour leur permettre de le saisir mieux et plus vite.

Au besoin, les commandements sont répétés par les chefs de section et les chefs de pièce.

117. — Exemples :

Demi-à-gauche, cavalerie s'avançant sur nous; 700 *mètres. Fauchez ! Tir continu !*

En face. sur la croupe verte, à gauche de l'arbre élevé isolé, de l'artillerie; sur la pièce de gauche ! 1.300 *mètres ! Feu de salve !*

(Après observation) 1.400 *mètres ! Chacun sa part ! Feu continu !*

Demi-à-droite, des tirailleurs débouchant du bois; hausses 1.000 *et* 1.050 *mètres. Fauchez ! Feu continu !*

En face, des colonnes près du pont; hausses, 1.400, 1.450 *et* 1.500 *mètres. Feu continu !*

118. — Le feu cesse au signal (lever le bras) ou au commandement de « Halte au feu ! »

Le feu est interrompu aussitôt, le pointeur cessant d'actionner la détente, après avoir été prévenu par le chef de pièce ou le 1er servant. Tous les servants conservent la position qu'ils occupaient.

119. — Dans le tir sur une seule hausse, le changement de hausse est effectué au commandement de la nouvelle hausse à prendre; dans le tir sur plusieurs hausses, on commandera par exemple : « Changer 800 en 1.000 ! », ou bien : « Tout le monde 900 ! »

Si on passe de trois à deux hausses, la section intéressée seule fait le changement.

Pour modifier le point à viser, on commande par exemple : « A deux largeurs de canon plus à gauche ! »

Feux.

120. — (Voir Règlement sur le tir des mitrailleuses, art. 32.)

121. — Le 3e servant passe les cartouches et seconde le pointeur dans le service de la mitrailleuse. Si le pointeur est empêché de continuer son service, il est remplacé successivement par les 3e, 1er et 4e servants.

Conduite du feu.

122. — Le feu doit rester le plus longtemps possible dans la main des chefs. Les chefs de section et de pièce doivent savoir agir au mieux des circonstances du combat, d'après leur propre initiative.

123. — Si les circonstances sont favorables, il sera bon, dès le début, de répartir le feu sur tout le front de l'objectif; si elles le sont moins, on règlera d'abord le tir par un feu de salve exécuté sur un point propice à l'observation, et on ne répartira le feu qu'après ce réglage.

124. — En principe, chaque section, chaque pièce tire sur la partie de l'objectif située en face d'elle, ou qui occupe une position correspondante, de manière que tout le front soit battu.

Si parfois c'est impossible, on croise les feux; au besoin, les chefs de section en donnent l'ordre, à charge d'en rendre compte.

125, 126, 127. — Devenus sans effet.

Discipline du feu.

128. — Elle comprend l'exécution consciencieuse des ordres reçus et la stricte observation des principes de l'emploi de l'arme et de son utilisation au combat.

De plus, elle exige la conduite soigneuse du feu, l'utilisation du terrain en vue d'augmenter l'effet produit, l'attention prêtée au chef et à l'ennemi, l'interruption du feu dès que l'objectif disparaît, ou que l'ordre est donné de cesser le tir.

Si, au combat, le feu cesse d'être dirigé, les servants agissent par eux-mêmes.

C'est le but de l'éducation du temps de paix.

Observation des résultats du tir.

129. — Il est bon d'observer sans cesse les points de chute au moyen de jumelles, afin de reconnaître, par leut emplacement et par l'attitude de l'ennemi, si la hausse er le point à viser sont bien prescrits, ou bien s'il est nécessaire de les rectifier. C'est le principal rôle du chef de pièce.

Si l'observation ne peut se faire sur la ligne de feu même, il est bon de placer sur les flancs, et à couvert s'il est possible, des observateurs qui communiquent leurs observations aux tireurs par des gestes convenus, par des appels ou au moyen d'hommes de liaison.

Interruptions du feu.

130. — Pendant les interruptions du feu, on s'efforcera, tout en tenant compte de la situation, de mettre en état la mitrailleuse, de l'huiler, de l'approvisionner d'eau, etc.

C) École de la mitrailleuse attelée.

INSTRUCTION DES CONDUCTEURS

Généralités.

131. — L'emploi tactique des groupes de mitrailleuses exige des conducteurs habiles et décidés, sachant conduire leurs chevaux même en terrain difficile, même pendant des périodes prolongées.

Lorsque les terrains voisins des garnisons ne permettent pas de donner aux chevaux l'habitude de tirer, on peut diminuer les attelages ; on se conformera, pour l'instruction des conducteurs, aux articles 170 à 175.

132. — Une partie des servants est instruite à soigner les chevaux, à les seller et à les harnacher, de manière à pouvoir seconder les conducteurs.

Les gradés et les rengagés reçoivent l'instruction du cavalier et du conducteur.

133. — Autant que possible, tous les chevaux, sauf ceux des officiers, sont dressés à la selle et au trait.

134 à 160. — (Instruction du conducteur, manière de harnacher les chevaux, d'atteler, de tenir les rênes, etc.)

161. — Les mouvements de l'avant-train dans la mise en batterie et pour la réunion des trains sont exécutés aux commandements indiqués dans les articles 85 à 90.

162. — Les conducteurs reçoivent l'instruction relative à ces mouvements de la manière suivante : la pièce est séparée de l'avant-train ; celui-ci est placé à trois pas de l'affût, les roues dans le prolongement des roues de l'affût. Le cheval du chef de pièce est tenu en main par le conducteur de tête au moyen des rênes de filet restées sur l'encolure.

L'étude des mouvements de l'avant-train dans la mise en batterie et la réunion des trains, face en avant, se fait au pas ou au trot ralenti. Plus tard, on les exécutera au trot, à moins que l'allure du pas ne soit prescrite. Si on étudie en même temps le décrochage et l'accrochage de l'affût, le conducteur de derrière, pendant la mise en place de la lunette de flèche, soulève le timon au moyen de la courroie de timon.

Mise en batterie, face en avant.

163. — A l'indication « Ferme » du 4e servant, les conducteurs font un demi-tour à gauche. A cet effet, le conducteur de tête tourne à gauche et marche sur un point situé dans le prolongement de l'essieu de l'affût, à 6 pas de la roue gauche, puis sur un point situé à 4 pas derrière la crosse d'affût, sur le prolongement de cette même roue; ensuite il marche dans la voie de la pièce.

Le conducteur de derrière suit la trace de son camarade; à cet effet, il pousse le timon à droite jusqu'à ce qu'il soit sur la ligne de l'essieu, puis à gauche, lorsqu'il se place dans la direction de la pièce. Regardant à droite, il arrête l'avant-train dans le prolongement et à 8 pas de l'affût, comptés du crochet de l'avant-train à la lunette d'affût.

Le conducteur de tête se conforme à cet arrêt.

Mise en batterie, face en arrière.

164. — A l'indication de : « Ferme », l'attelage se porte à 8 pas en avant, au pas.

Mise en batterie face à droite (gauche).

165. — Les conducteurs se conforment à l'article 163, mais font simplement à gauche ou à droite.

Réunir les trains, face en avant.

166. — Au commandement de : « Face en avant », les conducteurs se conforment tout d'abord à l'article 163. Cependant, le conducteur de tête se dirige du point situé sur le prolongement de l'essieu, à 6 pas de la roue gauche de l'affût, sur un point situé à 3 pas de la jante avant, dépasse le prolongement de la roue gauche et se porte ensuite dans le prolongement de la pièce. Le conducteur de derrière se dirige de manière que la roue gauche passe à deux pas en avant de la jante avant de la roue de l'affût; il appuie à droite jusqu'à la hauteur de l'essieu d'affût, puis à gauche, et, regardant par la droite, s'arrête de manière à placer l'avant-train à la distance nécessaire pour accrocher l'affût.

Réunir les trains, face en arrière.

167. — En règle générale, au commandement de « Face en arrière », l'avant-train reste en place et la pièce est déplacée pour être accrochée. Toutefois, si on veut approcher l'avant-train, les 2e et 3e servants se portent aux roues, le conducteur de derrière fait reculer son attelage en ligne droite, en regardant par la droite. Le conducteur de devant en fait autant, en observant de reculer dans la même direction.

Réunir les trains, face à droite (gauche).

168. — Au commandement de : « Face à droite (gauche) », l'avant-train est amené dans la direction indiquée, la flèche dans le prolongement de l'essieu de l'affût et le crochet à 3 pas de la roue de l'affût.

Mouvements de l'avant-train dans l'enlèvement et la remise en place du traîneau.

169. — Le sous-officier chargé de la direction des voitures prend les ordres du commandant du groupe.

En principe, pour replacer les traîneaux, les pièces sont apportées près des voitures. Sinon, celles-ci se conforment aux principes donnés pour réunir les trains.

LA MANŒUVRE

Définitions.

170. — Le front est le côté où se trouve le chef.

La ligne de feu est déterminée par les bouches des pièces en batterie.

Les intervalles sont comptés entre les voitures, d'axe en axe; en bataille, ils sont serrés à 5 pas, ouverts s'ils sont supérieurs à 5 pas (généralement 17 pas).

Les distances sont comptées de la bouche de la pièce, ou de la jante arrière d'une voiture, à la tête des chevaux de la voiture suivante.

Commandements, signaux, sonneries.

171. — Le commandement d'exécution est, lorsque l'allure doit être modifiée, remplacé par l'indication de l'allure à prendre. On commande « Marche », si l'allure reste la même, ou si, étant arrêté, on se met en marche au pas.

Allures.

172. — En terrain moyen, la vitesse des allures à la minute est la suivante :

Au pas, 100 mètres;

Au trot, 240 mètres;

Au galop, 400 mètres.

Les allures peuvent être ralenties par ordre, en terrain difficile ou lourd, ou bien si le mouvement se prolonge (1).

Direction.

173. — Dans le groupe, la direction est prise sur la 2e section à partir de la droite.

En colonne, le chef de la section de tête règle l'allure et la direction de marche.

Les chefs de pièce règlent les distances et les intervalles de leurs pièces, et font tenir le conducteur de tête à côté d'eux.

174. — Si l'on prend comme bases le chef de l'une des sections de tête, on l'indique par le commandement de « Direction, la section de droite (gauche) ! » On revient au cas normal par le commandement de : « Direction au centre ! »

D) Manœuvres du groupe.

Généralités.

176. — L'instruction du groupe attelé doit être poussée suffisamment pour qu'il puisse arriver en temps voulu

(1) Dans les compagnies de mitrailleuses, en principe, tous les mouvements se font au pas; exceptionnellement, on prend le trot; dans ce cas, les 2e et et 3e servants montent sur l'arrière-train de la pièce et trois hommes sur l'arrière-train du caisson. Les autres servants de la compagnie sont rassemblés par un sous-officier qui les amène à l'endroit qui lui a été désigné.

au point voulu, même dans des circonstances difficiles, en utilisant les formations et les manœuvres appropriées.

177. — Aussitôt que les conducteurs sont un peu exercés, on passe à la manœuvre, d'abord en terrain plat, où l'on étudie les formations et les mouvements.

La place relative d'une pièce dans la section est arbitraire, mais les sections ne sont jamais coupées.

178. — Les points suivants sont l'objet d'une attention toute spéciale :

Soutenir un trot tranquille, de longue durée, en colonne par pièce, même en terrain accidenté;

Changer de direction avec rapidité;

Mettre en batterie et réunir les trains avec habileté;

Descendre les traîneaux et les remettre en place, et dégager rapidement la ligne de feu.

A mesure de la progression de l'instruction, la manœuvre sera liée à un thème tactique et les terrains seront choisis plus difficiles.

Composition et organisation du groupe de mitrailleuses.

179. — Le groupe possède 6 mitrailleuses, 3 caissons, 2 chariots de batterie, des chevaux de main et haut-le-pied, un fourgon à bagages, un fourgon à vivres, une fourragère.

Batterie de combat..	Mitrailleuse.....	n° 1	1re Section.
	—	n° 2	
	—	n° 3	2e —
	—	n° 4	
	—	n° 5	3e —
	—	n° 6	
	Caisson..........	n° 1	Echelon.
	—	n° 2	
	—	n° 3	
	Chariot de batterie	n° 1	

toutes ces voitures à quatre chevaux.

Les chevaux de main et haut-le-pied forment le train de combat.

1 fourgon à bagages	à 2 chevaux..	train régimentaire.
1 fourgon à vivres..		
1 fourragère.......	à 4 chevaux..	
Chariot de batterie nº 2.............		

180. — Dans les manœuvres, on ne s'occupe que de la batterie de combat (1).

Description des formations.

181. — Le groupe se forme :

En bataille à intervalles serrés;

En bataille à intervalles ouverts;

En colonne par pièce;

En colonne doublée.

La formation en bataille à intervalles ouverts est utilisée pour les mouvements en avant et en arrière (fig. 4).

La formation en bataille à intervalles serrés, pour les

---

(1) La compagnie possède 6 mitrailleuses, 3 caissons, 1 chariot de batterie, des chevaux d'officier et haut-le-pied, un fourgon à bagages, une cuisine de campagne, un chariot fourragère.

Batterie de combat.	mitrailleuse nº 1....	1re section.
	— nº 2....	
	caisson.... nº 1....	
	mitrailleuse nº 3....	2e —
	— nº 4....	
	caisson..... nº 2....	
	mitrailleuse nº 5 ...	3e —
	— nº 6....	
	caisson..... nº 3....	

toutes ces voitures à deux chevaux.

Les chevaux de main des officiers et les chevaux haut-le-pied, le chariot de batterie (à quatre chevaux) et la cuisine forment le train de combat.

1 fourgon à bagages à 2 chevaux...	train régimentaire.
1 chariot fourragère à 4 chevaux...	

Sont montés : le commandant de compagnie, les chefs de section et le sous-officier chargé des fourrages.

rassemblements, pour certains mouvements, pour former le parc et pour la parade (fig. 5).

Fig. 4.

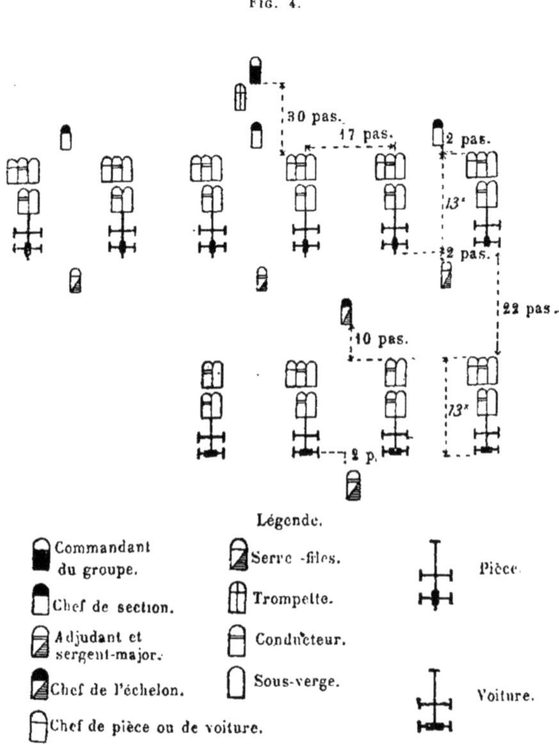

La colonne par pièce, pour les mouvements en avant, en arrière ou vers les flancs, et pour les rassemblements sur route; c'est la formation de route du groupe (fig. 6).

La colonne doublée, pour les mouvements latéraux, et, une fois serrée, pour diminuer la profondeur de la colonne et pour les rassemblements sur les routes larges (fig. 7).

182. — Les places des officiers et des gradés sont données par les figures 4, 5, 6, 7.

FIG. 5.

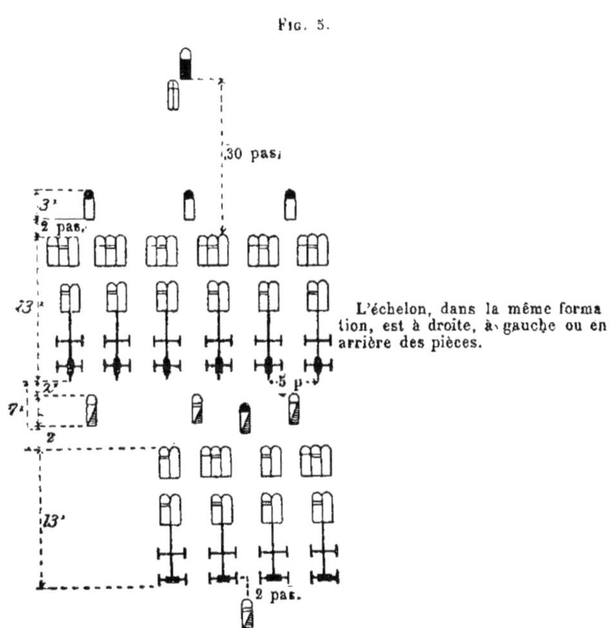

L'échelon, dans la même formation, est à droite, à gauche ou en arrière des pièces.

Le commandant du groupe n'a pas de place fixe. En temps de paix, les officiers en surnombre sont en serre-files, à 2 pas derrière la ligne des serre-files; dans la formation en bataille à intervalles serrés, si l'échelon marche, à 2 pas derrière l'échelon.

183. — L'échelon se conforme aux articles 212 et 213; du reste, il applique les mêmes principes que les pièces (1).

---

(1) *Formations de la compagnie de mitrailleuses.*

En marche, et dans toutes les circonstances où c'est possible,

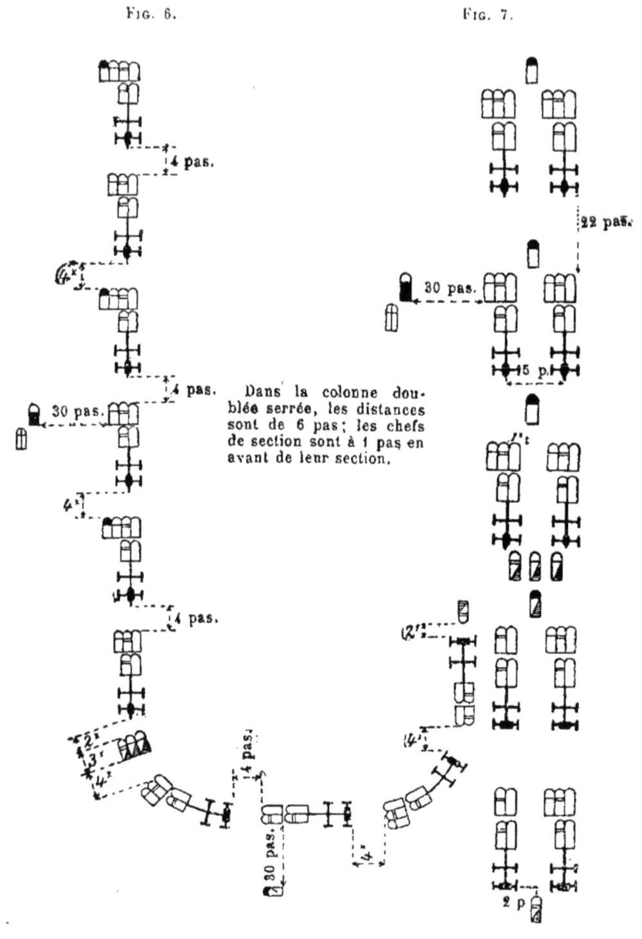

même pour les rassemblements, la compagnie se forme en colonne par pièce, les voitures à 4 pas de distance, le caisson en queue de sa section.

Les servants des deux premières sections marchent à 3 pas en avant de la voiture de tête; les servants de la 3e section, à 3 pas der-

A cheval, pied à terre.

184. — *A vos chevaux ! Préparez-vous à monter à cheval. A cheval !* ou bien : *Préparez-vous à mettre pied à terre. Pied à terre !*

Au commandement de « A vos chevaux ! » les hommes montés rectifient la position à côté de leurs montures, les servants à 2 pas derrière les voitures ; les chefs de section, le chef de l'échelon et le sergent-major montent à cheval. Les chefs de section font ensuite face à leur section.

Au commandement de « Préparez-vous à monter à cheval. A cheval ! » les hommes montés montent à cheval, les servants sur les voitures ; ceux-ci restent derrière les voitures si le chef a commandé : « Les hommes montés. — A cheval ! »

185. — *Garde à vous, repos.*

186, 187. — *Alignements.* On s'aligne sur les chefs de section, qui se sont placés au préalable.

---

rière cette section. Les chefs de section et les sous-officiers montés marchent, les uns devant, les autres derrière la colonne.

Lorsqu'on prévoit que les traîneaux devront bientôt être séparés des affûts, les servants de chaque pièce marchent derrière cette pièce. Les voitures ouvrent les distances à 6 pas, les pièces de tête allongeant l'allure.

Les rassemblements peuvent aussi se faire en bataille, ou bien en colonne par section en bataille.

Les mouvements en formation de rassemblement seront souvent effectués en ligne de sections en colonne par pièce.

Manœuvres du groupe.

MARCHE DU GROUPE EN BATAILLE A INTERVALLES SERRÉS OU OUVERTS.

188. — *Groupe — Au trot (galop, marche)*, ou bien : *Groupe — Halte!*

Le commandant du groupe indique la direction de la marche.

Le chef de la section de base marche sur le point indiqué ; les autres chefs de section se règlent sur lui et conservent leurs intervalles, sans tourner la tête d'une façon constante.

Les chefs de pièce conservent leurs distances et leurs intervalles par rapport à leur chef de section. Les erreurs ne sont rectifiées que progressivement.

Si l'on rencontre des obstacles, les pièces prennent leurs dispositions pour les éviter, ou bien le chef de section donne des ordres.

Au galop, les conducteurs de tête peuvent être à 4 ou 5 pas du chef de section.

189. — *Groupe — Halte!*

Les chefs de section s'arrêtent en observant qu'il faut un certain espace pour arrêter les attelages, et s'alignent sur le chef de section de base ; les chefs de pièce se portent à deux pas des chefs de section.

MARCHE EN RETRAITE DU GROUPE EN BATAILLE A INTERVALLES OUVERTS.

190. — *Groupe demi-tour* — (*Allure!*)

Les chefs de section se placent au galop dans la nouvelle direction.

Chaque pièce tourne comme si elle était isolée. Les serre-files laissent passer leurs fractions et les suivent. Le commandant du groupe suit son unité à 20 pas ; pour donner des ordres, il peut s'en approcher ou se placer en avant.

Le groupe se conforme aux principes de la marche en avant.

Il revient à l'ancienne direction au commandement de « Groupe — Front ! »

MARCHE DU GROUPE EN BATAILLE, AVEC OU SANS INTERVALLES, DANS UNE DIRECTION OBLIQUE.

191. — *Groupe, oblique à droite (gauche). — (Allure) !*

Les chefs de section font un demi-à-droite (gauche) et suivent le chemin que doivent parcourir les conducteurs de tête.

Le groupe marche dans la nouvelle direction, les lignes déterminées par les chefs de section et les pièces restant parallèles à l'ancien front.

La direction est prise sur le chef de section le plus avancé.

Ensuite : « Groupe — En avant ! »

Serrer les intervalles.

192. — *Groupe, à (tant de) pas serrez — (Allure!)* puis : — *En avant. — (Allure !)*

On serre vers le chef de section de direction ; celle-ci ralentit l'allure, ou bien, si l'on est au pas, continue à marcher 30 pas, puis s'arrête.

Les autres chefs de section et les pièces serrent obliquement à l'allure prescrite et se placent sur la ligne, de manière à conserver entre les pièces un intervalle de 5 pas, ou l'intervalle prescrit.

Ouvrir les intervalles.

193. — Comme pour serrer les intervalles.

Si l'intervalle n'est pas indiqué, il sera de 17 pas.

Etant en bataille, avec ou sans intervalles, changer de direction sous un petit angle.

194. — *Direction!*

Le commandant du groupe indique du bras la nouvelle direction, et, s'il est possible, désigne dans son commandement le nouveau point de direction.

La section de direction se dirige sur ce point sans modifier l'allure; les autres sections accélèrent ou ralentissent l'allure: au besoin, elles prennent une allure différente.

En bataille à intervalles serrés, changer de direction.

195. — *Groupe, changement de direction à droite (gauche, demi-tour à droite, demi-tour à gauche).* — (*Allure!*)

Les sections, prenant la direction au pivot, conversent ensemble pour arriver en même temps sur la nouvelle ligne.

En bataille à intervalles serrés, changer de direction et ouvrir les intervalles.

196. — *Groupe, ouvrez les intervalles, changement de direction à droite (gauche).* — (*Allure!*)

Les chefs des sections subordonnées suivent l'ancienne direction à l'allure indiquée, jusqu'à ce que le changement de direction leur permette de prendre l'intervalle indiqué; ils se portent alors sur la nouvelle ligne.

Passer de la formation en bataille avec intervalles à la colonne par pièce.

197. — A droite (gauche). Chaque pièce fait à droite (gauche), puis les pièces qui sont en arrière reprennent leurs distances.

198. — En avant.

Groupe, par pièce, par la droite (gauche). — *(Allure !)* ou : *Groupe, par pièce, sur le centre.* — *(Allure !)*

Le chef de la section de base ralentit l'allure ou s'arrête, si l'on est au pas.

La pièce de l'aile désignée, ou, si l'on rompt sur le centre, la pièce de droite de la 2e section, s'approche du chef de section à l'allure indiquée et continue à la même allure; les autres pièces, ralentissant l'allure, prennent leur place par un oblique.

Dans la rupture sur le centre, la 2e pièce de la 2e section suit la première, puis vient la section de droite, enfin celle de gauche.

Passer de la formation en bataille avec intervalles à la colonne doublée.

199. — *Groupe, par section, changement de direction à droite (gauche).* — *(Allure !)*

Toutes les sections exécutent le mouvement simultanément. Les chefs de section se placent devant leurs sections et prennent leurs distances.

Passer de la colonne par pièce ou de la colonne doublée à la formation en bataille avec intervalles.

200. — Face à droite (gauche).

Groupe, à droite (gauche). — *Front!*

Chaque pièce (section) change de direction, puis les intervalles sont pris sur la section de direction. — Si le commandement de : « Halte ! » suit immédiatement celu de « Front », les intervalles primitifs sont conservés.

201. — En avant.

Groupe à (tant de) pas, vers la gauche (droite) (gauche et droite) en bataille — (Allure !) puis: *Halte !* ou bien : *(Allure !)*

Le chef de la section de tête, raccourcissant l'allure, se dirige sur le point de direction ; si le mouvement est fait au pas ou de pied ferme, il se porte 30 pas en avant, puis s'arrête.

La pièce de tête prend son intervalle et sa distance par rapport aux chefs de section, du côté opposé à la mise en bataille (si l'on se forme à droite et à gauche, elle se porte à droite) par un oblique.

Les autres chefs de section et de pièce doublent à l'allure indiquée les pièces qui les précèdent, de manière à prendre leurs intervalles. Si l'on se forme à gauche et à droite, la 2e pièce se porte à gauche, la 2e section à droite, la 3e à gauche.

En arrivant sur la ligne, on prend l'allure de la section de direction.

Le mouvement se fait de même en partant de la colonne doublée.

Passer de la formation en bataille sans intervalles à la colonne par pièce ou à la colonne doublée.

202. — *Groupe, par pièce (par section), par la droite (gauche) — (Allure !)*

La pièce de l'aile indiquée se porte en avant à l'allure prescrite. Les autres pièces s'arrêtent, si la rupture se fait au pas, jusqu'à ce qu'elles aient l'espace nécessaire pour prendre rang dans la colonne. Si le groupe est à une allure autre que le pas, les pièces passent au pas et prennent rang dans la colonne à l'allure indiquée.

Le mouvement se fait de même pour passer à la colonne doublée.

Passer de la colonne par pièce ou de la colonne doublée à la formation en bataille sans intervalles.

203. — *Groupe, en bataille sans intervalles vers la gauche (droite), vers la gauche et la droite* — (*Allure!*) puis : *Halte!* ou : (*Allure!*)

Le chef de section prend son intervalle et sa distance par rapport à la pièce de tête, et ralentit l'allure. Au pas ou de pied ferme, il se porte 15 pas en avant, puis il s'arrête. Les autres chefs de section et les pièces doublent à l'allure indiquée et prennent l'intervalle prescrit. En arrivant sur la ligne, ils prennent l'allure de la pièce de tête. Dans la formation vers la gauche et sur la droite, on se conforme à l'article 201.

Le mouvement se fait de même en partant de la colonne doublée.

Passer de la colonne par pièce à la colonne doublée (ou à la colonne doublée serrée).

204. — *Groupe, formez la colonne doublée, vers la gauche (droite)* — (*Allure!*)

La pièce de tête de chaque section ralentit, ou s'arrête, si l'on est au pas. Les chefs de section, prenant l'intervalle et la distance voulus, se placent devant leur pièce de tête.

Les pièces prennent l'allure prescrite pour prendre leur place.

Les sections, une fois formées, prennent leurs places dans la colonne au commandement de : « (Allure !) » de leurs chefs.

Passer de la colonne doublée à la colonne par pièce.

205. — *Groupe, par pièce, par la droite* (*gauche*) — (*Allure !*)

Si le groupe est arrêté, les chefs de sections subordonnées commandent successivement : « Par pièce — (Allure !) » ; au pas, pour rester au pas, « Halte ! » ; à une allure vive, « Au pas ! », puis successivement : « Par pièce — (Allure !) »

Serrer et ouvrir la colonne doublée.

206. — *Serrer la colonne* — (*Allure !*)

Les sections subordonnées serrent à 6 pas à l'allure prescrite, la section de tête ralentissant l'allure ; elle s'arrête, si le mouvement se fait au pas.

Ouvrez la colonne — (*Allure !*)

La section de tête prend l'allure indiquée, les sections subordonnées la suivent, après avoir pris les distances indiquées en ralentissant ou en s'arrêtant, au commandement des chefs de section.

Mouvements de la colonne.

MARCHE EN AVANT.

207. — *Groupe* — (*Allure !*)

Les conducteurs observent avec soin la pièce qui précède la leur, et, si celle-ci s'arrête, l'évitent aussitôt. Ce mouvement doit être étudié à fond.

Dans les changements de direction, toutes les pièces tournent successivement au même point.

MARCHE OBLIQUE.

208. — *Groupe, oblique à droite (gauche) — (Allure!)* puis : *Groupe — en avant!*

(Voir art. 191.)

MARCHE FACE EN ARRIÈRE.

209. — Dans la colonne par pièce : *Groupe, demi-tour — (Allure!)*

Chaque pièce tourne comme si elle était isolée. Les chefs de section se portent au galop près de la pièce de tête de leur section.

Dans la colonne doublée : *Groupe, par section, demi-tour. — (Allure).*

Les sections exécutent le mouvement simultanément.

TOURNER A DROITE (GAUCHE)

210. — *Groupe, tournez à droite (gauche) — (Allure!)* ou bien : *Groupe. par section, tournez à droite (gauche) — (Allure!)*

Les distances et les intervalles sont conservés.

CHANGER DE DIRECTION SOUS UN ANGLE DIFFÉRENT DE 90°.

211. — *Changement de direction à droite (gauche) (demi à droite) (demi à gauche) — Marche!*

La pièce de tête change de direction au commandement de « Marche » ; les autres pièces conversent au même point.

Conduite à tenir par l'échelon.

212. — L'échelon est commandé par un officier ou un sergent-major. Son chef le dirige par des commandements ou des indications, si les mouvements ne sont pas exécutés au commandement du commandant du groupe, en même temps que ceux des pièces.

En principe, l'échelon prend la même formation que les pièces, se plaçant, dans la marche en avant, derrière les pièces, dans la marche face en arrière, devant celles-ci. Dans ce dernier cas, le commandant du groupe indique la direction au chef de l'échelon.

213. — Si le groupe change de formation, le chef de l'échelon prend sa place par des mouvements simples, par le chemin le plus court et à des allures judicieusement choisies.

Les distances théoriques de l'échelon aux pièces ne pourront pas toujours être conservées.

En batterie, réunir les trains, descendre et replacer le traîneau.

214. — Les commandements sont les mêmes que pour la pièce isolée et s'exécutent de la même manière.

Si le chef du groupe se porte en avant pour faire la reconnaissance ou pour toute autre cause, l'officier le plus ancien prend le commandement et le suit.

Les chefs de section mettent pied à terre au commandement ou au signal de : « En batterie ! » et remettent leur cheval au conducteur de derrière le plus rapproché.

Si, les pièces étant en batterie, les avant-trains ne doivent pas rester auprès d'elles, ils sont dirigés sur l'emplacement indiqué par le commandant du groupe.

Les traîneaux étant enlevés, le chef des voitures (adjudant ou sergent-major, en général) demande les ordres du commandant du groupe ou de l'officier le plus ancien.

Les serre-files, s'ils n'ont pas de mission spéciale, restent avec les voitures ou les avant-trains.

215. — Dans la mise en batterie face en avant, l'échelon se comporte comme les avant-trains.

Dans la mise en batterie face en arrière, l'échelon dégage le champ de tir par le chemin le plus court et aux allures vives.

On se conforme aux mêmes principes dans la mise en batterie face à droite (gauche).

216. — Si, pour changer de position, il faut faire sortir les avant-trains de leur couvert, l'ordre en est donné à temps par le commandant du groupe, qui indique si on accrochera les avant-trains face en avant, en arrière, à droite ou à gauche.

L'échelon suit les voitures, s'il n'a pas reçu d'ordres particuliers.

DEUXIÈME PARTIE

Du combat.

Introduction.

217. — La connaissance des formations indiquées dans la 1re partie est la condition essentielle de l'utilisation de la troupe au combat.

A la guerre, les influences de la lutte, qui ne peuvent être représentées dans les manœuvres du temps de paix, se font sentir au détriment du rendement des troupes, et cela en raison inverse de la valeur morale de ces troupes. Il faut employer tous les moyens pour arriver à la développer et pour maintenir la discipline. Tout d'abord, la cohésion doit être maintenue à tout prix dans tous les exercices.

Les nécessités de la guerre n'exigent pas, bien au contraire, que l'on tolère des adoucissements à ce sujet.

Avant tout, en vue de la préparation à la guerre, il faut, dans les manœuvres, choisir judicieusement les formations et utiliser le terrain. On obtiendra de la sorte le rendement maximum avec les pertes minima. Le rendement prime la crainte des pertes (1).

Les formations et les principes du règlement tiennent compte des circonstances tactiques les plus simples, qui sont habituelles à la guerre. Cependant, la marche du com-

---

(1) Au combat, la compagnie de mitrailleuses reste à la disposition du colonel, qui peut l'attribuer en totalité ou en partie à un ou plusieurs bataillons.

bat amènera parfois des modifications telles que les indications générales ne pourront s'appliquer.

218. — Dans les manœuvres, on augmente progressivement la difficulté ; par suite, elles doivent être basées sur un thème tactique simple et avoir lieu, au début, sur des terrains découverts, très praticables, à la fin sur des terrains difficiles. Peu à peu, il faut introduire dans les manœuvres des difficultés de toutes sortes, y compris de grosses pertes en personnel et en matériel.

219. — Le régime du temps de paix oblige à étudier sur le terrain de manœuvre une grande partie de l'instruction pour le combat. Sur des terrains qui, par leur nature, ne conviennent pas pour cette étude, on suppose l'existence de coupures, de défilés, etc. L'emploi de ces moyens doit être limité à des suppositions très simples et bien compréhensibles.

220. — Il faut aussi faire des manœuvres en terrain varié ; aux inspections, on alternera entre les deux catégories.

221. — Les manœuvres en liaison avec les autres armes sont d'une utilité extrême pour l'instruction du temps de guerre. Il faudra donc fournir le plus possible aux groupes de mitrailleuses l'occasion de prendre part à de telles manœuvres, surtout avec l'infanterie.

222. — La figuration de l'ennemi et de certaines troupes amies permet de représenter plus clairement le déploiement pour le combat.

Principes généraux.

223. — Les mitrailleuses donnent au commandement le moyen de fournir sur certains points des feux d'infanterie très denses sur un front très étroit.

Les mitrailleuses peuvent être utilisées en tout terrain praticable à l'infanterie, et, une fois enlevées de l'affût, doivent être en mesure de passer des obstacles même importants. L'objectif qu'elles offrent n'est pas plus grand que s'il était formé de tirailleurs, et leur puissance combative résiste mieux aux pertes que l'infanterie.

Sur le champ de bataille, où les mitrailleuses doivent être enlevées de l'affût et portées ou traînées aussitôt qu'elles peuvent être exposées au feu de l'ennemi, tous les couverts qui peuvent être utilisés par l'infanterie sont suffisants pour les abriter.

Des couverts qui suffisent à peine pour une section d'infanterie peuvent abriter tout un groupe de mitrailleuses.

Grâce à la construction des voitures, qui peuvent transporter l'arme, les cartouches et les servants, et à la capacité de tirage des attelages, les détachements de mitrailleuses peuvent suivre les troupes à cheval.

224. — La portée du projectile de la mitrailleuse et les effets qu'il produit sont ceux du fusil d'infanterie. La rapidité du tir, l'étroitesse de la gerbe, la possibilité de grouper plusieurs mitrailleuses sur un terrain étroit mettent les groupes de mitrailleuses en mesure d'obtenir des résultats décisifs en certains points, et même d'annihiler en peu de temps, à grande distance, des objectifs étendus et denses.

Les mitrailleuses sont peu aptes au combat prolongé.

225. — Il faut généralement éviter la lutte contre les lignes de tirailleurs bien abritées ; elle exige une consommation de munitions hors de proportion avec les résultats obtenus. Il peut donc arriver qu'au cours d'un long combat les mitrailleuses et leurs servants soient retirés momentanément de la position de tir, afin de réserver leurs forces pour l'instant décisif.

226. — La lutte contre des mitrailleuses, but difficile à atteindre, ne répond pas à la nature de l'arme; généralement, il sera plus avantageux de les faire contrebattre par d'autres armes; sinon, il faut tout d'abord reconnaître soigneusement la position ennemie.

227. — Le groupe de mitrailleuses n'a rien à craindre

des attaques de la cavalerie. Dans ce cas, toute formation est bonne, pourvu qu'elle permette d'opposer à la cavalerie des feux nourris exécutés avec calme et précision. Aussi bien quand la mitrailleuse est sur l'affût que quand elle en est enlevée, le feu doit être réparti sur tout le front. Il faut veiller tout particulièrement à la sûreté des lignes plus en arrière, des flancs et des voitures, si elles ne se trouvent pas avec les pièces.

Les groupes de mitrailleuses sont en mesure, en terrain découvert, de repousser la cavalerie, pourvu qu'elle ne soit pas en nombre tel qu'elle puisse attaquer sur plusieurs lignes de plusieurs côtés à la fois.

228. — Il faut remarquer que, à grande distance, l'artillerie a la supériorité.

Pour combattre l'artillerie, les mitrailleuses, sans leurs affûts, seront amenées le plus près possible des canons. Parfois, grâce à l'extrême mobilité du groupe attelé, il pourra attaquer de flanc, et de la sorte augmenter notablement l'effet qu'il produira. Il est mauvais de battre avec fauchage le front entier d'une batterie en train de tirer.

229. — En général, le groupe de mitrailleuses reste réuni ; dans certains cas particuliers, on peut séparer les sections; le commandant du groupe attribue à ces sections des fractions de l'échelon. Il est interdit de détacher des mitrailleuses isolées. Il sera rarement avantageux de réunir plusieurs groupes ; dans ce cas, le commandant de groupe le plus ancien prend le commandement du tout.

230. — Il est bon d'affecter quelques cavaliers éclaireurs aux groupes de mitrailleuses, dont les missions sont très variées, pour augmenter leur indépendance. Du reste, l'aptitude combative des mitrailleuses est telle, qu'elles n'auront besoin d'un soutien spécial que dans un terrain extrêmement couvert. Ce rôle sera confié, pour couvrir les flancs et les derrières, et pour protéger les voitures, à de petites fractions d'infanterie ou de cavalerie. Toute troupe de

l'une de ces armes, placée à proximité, doit donner satisfaction aux demandes du commandant du groupe.

231. — Les mitrailleuses ne peuvent jamais remplacer l'artillerie. Elles trouvent leur meilleur emploi là où l'on pourra le mieux utiliser la densité de leurs feux, unie à leur mobilité et à la possibilité de se défiler à condition de quitter les voitures.

232. — Pour employer judicieusement les mitrailleuses, il faut connaître à fond la situation, les projets du commandement et la marche du combat. Les groupes de mitrailleuses sont donc à la disposition immédiate du haut commandement. Si on les détache auprès de certaines unités, on ne pourra que rarement utiliser toute leur valeur.

Direction du combat.

233. — Suivant les circonstances, les chefs doivent donner leurs ordres avec rapidité et sans hésitation ; ils se rappelleront que la négligence est une faute plus grave qu'une erreur dans le choix des moyens.

234. — Au début de la lutte, le commandant du groupe se rend auprès du chef auquel il est subordonné pour recevoir ses ordres. Au besoin il les provoque. Dans la suite du combat, il reste en liaison constante avec le commandement, pour le tenir au courant de ce qu'il fait et se renseigner sur la marche du combat.

Reconnaissance et choix de la position.

235. — La position est choisie en vue du rendement maximum ; ce n'est qu'ensuite que l'on s'occupe du défilement.

236. — Toute occupation de position est précédée d'une reconnaissance dont l'exécution habile constitue une des conditions essentielles d'un résultat satisfaisant. Cette

reconnaissance porte sur la recherche des objectifs, sur l'emplacement à occuper, sur la nature et la viabilité du terrain à parcourir, et sur les mesures de sécurité à prendre pour parer à une surprise.

237. — Dans la marche en avant et sur des positions défensives, le commandant du groupe exécute lui-même la reconnaissance. En retraite, il reste avec sa troupe, tant qu'elle se trouve sous le feu efficace de l'ennemi; mais il envoie un officier ancien pour faire la reconnaissance. Avant l'occupation d'une position, il est bon que le commandant du groupe l'ait vérifiée lui-même.

238. — Il faut éviter d'attirer trop tôt l'attention de l'ennemi sur la position choisie; l'officier qui fera la reconnaissance parcourra donc cette position seul et à pied.

239. — Une bonne position doit offrir un champ de tir étendu et dégagé, permettant de battre le terrain jusque près des pièces; le front doit être autant que possible perpendiculaire à la direction du tir, son étendue suffisante; les pièces doivent être défilées aux vues; il faut tenir compte de la viabilité sur la position et en arrière.

240. — Il faut éviter d'occuper des positions voisines ou à la hauteur d'objectifs sur lesquels l'ennemi a réglé son tir. Il est mauvais aussi de se placer près d'objets bien visibles, et surtout en avant de ceux-ci, parce qu'ils facilitent le réglage du tir de l'ennemi: tandis qu'un fond sombre ou un terrain de même teinte augmente les difficultés du réglage.

Tous les couverts, même artificiels, augmentent les difficultés de l'observation du tir de l'ennemi.

Occupation de la position.

241. — Pendant la marche et pendant la prise de position, la surveillance ne sera pas interrompue. Sur les flancs menacés, les officiers qui amènent la troupe

envoient des éclaireurs, surtout en terrain couvert; ces éclaireurs n'iront pas au loin, ils resteront en liaison avec la troupe. On utilise les chemins le plus longtemps possible.

242. — L'allure et le moment où l'on descendra les pièces des affûts sont fonction des projets du commandement, de la marche du combat, de la nature du terrain et du sol.

243. — Les ordres pour l'occupation de la position seront donnés à temps pour permettre d'éviter tout retard dans l'ouverture du feu. On cherchera à arriver sur la position sans être vu et à ouvrir le feu par surprise. Mais ce n'est possible que si, même pendant la marche d'approche, on s'est occupé de l'utilisation des défilements, et si l'adversaire reste dans l'indécision au sujet de la position choisie.

A défaut de couverts suffisants, ou s'il faut s'engager sans retard, on cherchera à surprendre l'ennemi par la rapidité de l'occupation.

244. — Chaque pièce choisit l'emplacement le plus favorable pour son action et son défilement. En général, les pièces prennent des intervalles d'environ 20 pas ; mais il n'y a pas lieu de rechercher l'alignement des pièces et l'égalité des intervalles. Mais il faut se rappeler que la vulnérabilité de la ligne croît avec sa densité.

En aucun cas, les mitrailleuses ne doivent se gêner mutuellement. Il peut être avantageux d'échelonner les pièces isolées, si les flancs sont menacés.

Lorsque la nature du terrain ou de l'objectif obligent à choisir soigneusement l'emplacement de chaque pièce, il est bon de porter en avant les chefs de pièce, et parfois les pointeurs.

Ouverture du feu et conduite du combat.

245. — On ne se décidera pas prématurément à ouvrir le feu. Il faut penser que le feu n'a d'action décisive que s'il est dirigé sur des troupes ennemies se trouvant à bonne portée, quelle que soit leur arme.

Le but est déterminé d'abord par l'importance tactique momentanée des troupes ennemies. Il faudra d'abord battre les objectifs très vulnérables en raison de leur hauteur, de leur profondeur, de leur front et de leur densité.

246. — On ne peut tirer par-dessus les troupes amies que si la disposition du terrain permet de faire des feux étagés.

247. — Le tir de nuit ne donne de résultats que si les mitrailleuses ont été pointées de jour sur les points où l'on attend le passage de l'ennemi, ou quand on a à battre des points bien éclairés, comme des feux de bivouac, etc.

248. — Avant d'ouvrir le feu, se rappeler que le nombre de cartouches est limité et que l'emploi d'une certaine quantité de munitions représente une dépense de forces qui ne doit être faite qu'à bon escient.

Mais si l'on se décide à battre un objectif, il faut sacrifier des munitions suffisantes pour atteindre le but que l'on s'est proposé. Un feu d'efficacité insuffisante affaiblit le moral des tireurs et raffermit celui de l'ennemi.

249. — Les pertes subies par l'ennemi l'ébranleront d'autant plus qu'elles seront plus rapides. Donc, en général, même sur une faible fraction ennemie, on tirera avec le groupe entier, et non avec une ou deux sections.

La consommation des munitions sera sensiblement la même, tandis que les pertes éprouvées par les tireurs seront beaucoup moindres.

250. — On ne changera d'objectif qu'après avoir obtenu

le résultat cherché sur l'objectif primitif. Des changements d'objectif fréquents diminuent les effets obtenus.

251. — On ne pourra pas toujours éviter de battre simultanément plusieurs objectifs, mais on n'émiettera pas le tir jusqu'à la dispersion.

252. — Dans tous les cas, le feu ne produira tout le rendement dont il est capable que si tous les servants font preuve de sang-froid, d'habileté au tir et de discipline au feu. Cette dernière qualité doit subsister même si la plupart des chefs sont hors de combat.

Dans une troupe bien instruite, la présence de soldats réfléchis et l'exemple d'hommes prudents et braves sont des garanties de succès contre un adversaire dont la situation est tout aussi pénible.

Action des chefs au combat.

253. — Le commandement indique le but.

254. — Le commandant du détachement choisit la position de tir, mesure les distances, indique les objectifs et la manière de les battre, et donne l'ordre d'ouvrir le feu.

255. — Le chef de section répète les commandements; il indique l'emplacement, le point à viser et la hausse pour chaque pièce. Il surveille les servants et est responsable du réglage du tir de sa section.

256. — Le chef de pièce choisit l'emplacement et la hauteur de sa pièce, veille à l'exécution des prescriptions réglementaires et, le cas échéant, prend lui-même des mesures pour que le centre de la gerbe coïncide avec l'objectif. Il est responsable de la manœuvre correcte de sa pièce et la surveille pour éviter des incidents susceptibles d'entraver son tir.

257. — Si les chefs font bon usage de l'initiative qui leur appartient, si les distances sont estimées avec rapidité et sûreté, si l'on apprécie correctement l'influence des circons-

tances atmosphériques sur la position de la gerbe et si on est habitué à bien observer les résultats du tir, on sera rarement obligé d'interrompre le tir du groupe entier pour changer les hausses et les points à viser. Il faut surtout éviter cette interruption générale du feu si la nature du but fait supposer qu'il ne sera vulnérable que pendant un temps très court. Contre de tels buts, il ne faut pas perdre de temps dans la désignation de l'objectif.

Un groupe bien instruit doit saisir rapidement l'objectif et répartir son tir convenablement. Si une partie de la ligne adverse est abattue ou a disparu, le feu est naturellement reporté sur les fractions encore visibles ou qui continuent la résistance.

258. — Le point où se tient le chef a de l'importance pour les ordres à donner et pour la conduite du feu.

En temps de paix, tous les chefs doivent, pour donner leurs ordres, se tenir à la place et dans l'attitude qu'ils auraient en campagne. Le directeur de la manœuvre peut faire exception ; il peut autoriser aussi ses subordonnés à ne pas observer cette prescription, s'il le juge utile à l'instruction.

Du reste, il faut veiller avec soin à ce qu'il n'y ait en vue que le personnel strictement nécessaire pour l'observation du terrain du combat, pour le service des mitrailleuses, le transport des cartouches et la mesure des distances.

Dispositions relatives aux voitures.

259. — En principe, au combat, toutes les voitures sont placées à couvert. On avance en faisant porter ou traîner par les servants les pièces enlevées des affûts et les traîneaux à munitions. Il peut être utile d'atteler à un traîneau de pièce ou à munitions un attelage de tête ou un seul cheval : un homme marche alors à côté du traîneau pour l'empêcher de verser et pour aider au passage des obstacles.

L'ensemble ne doit pas être recherché, sauf pour l'occupation de la position de tir.

Ce n'est que si les circonstances du combat le permettent que les pièces pourront abandonner tout attelées leur couvert ; mais, dans ce cas même, les voitures, une fois les traîneaux enlevés, sont envoyées aussitôt vers l'échelon.

Suivant les couverts disponibles et la distance de l'ennemi, les voitures sont réunies à l'échelon ou demeurent plus rapprochées des pièces.

En terrain plat, toutes les voitures resteront aussi près de la batterie de tir que le permet le feu de l'ennemi.

A défaut de couverts, les voitures forment la colonne par pièce derrière l'une des ailes de la batterie de tir.

Derrière un couvert, toute formation des voitures est bonne, pourvu qu'elle permette de sortir facilement.

260. — Le chef des voitures reste en liaison constante, par lui-même ou par des cavaliers, avec le détachement, pour suivre ses mouvements autant que possible, même sans ordres. Il rend compte de tout changement de position.

Le chef des voitures maintient un ordre absolu et une exacte discipline. Le désordre des voitures en arrière de la ligne de tir peut, notamment par l'encombrement des chemins et des défilés, avoir les conséquences les plus graves.

Les voitures sont protégées par des éclaireurs contre les surprises.

Remplacement des munitions.

261. — Il est de la plus haute importance que les munitions soient complétées au plus tôt. Tout chef, dans la mesure de son emploi, doit s'en préoccuper. Mais, de plus, les officiers et les hommes chargés du ravitaillement doivent mettre en jeu toutes leurs forces et employer tous les

moyens pour approvisionner de cartouches la ligne de feu, même s'ils ne reçoivent pas d'ordres.

262. — Au combat, le chef des voitures fait amener en temps utile des traîneaux de cartouches sur la ligne de feu et en fait rapporter les traîneaux vides, les boîtes et les bandes, qui seront regarnies au plus tôt par les caissons.

263. — Les commandants de corps d'armée règlent l'arrivée des sections de munitions intéressées ; si celles-ci ont été mises à la disposition des généraux de division, ceux-ci en font autant.

Les cartouches pour mitrailleuses sont transportées :

a) Dans les divisions de cavalerie, par les sections légères de munitions ;

b) Dans les corps d'armée, par les sections de munitions d'infanterie dont les caissons sont encadrés de rouge (en Bavière, par toutes les sections de munitions d'infanterie).

On peut demander aux commandants de corps d'armée le lieu et l'heure de l'arrivée probable de ces sections de munitions, et provoquer l'ordre de porter en avant les caissons de munitions pour mitrailleuses.

En cas d'urgence, ces caissons s'avanceront jusqu'aux voitures de la batterie de tir du groupe.

264. — Au besoin, l'infanterie et la cavalerie passent des cartouches aux mitrailleuses.

Ravitaillement en personnel et en matériel.

265. — Le groupe a besoin d'être ravitaillé en personnel et en matériel, comme en cartouches. Tout groupe de mitrailleuses doit mettre en jeu toutes ses forces et employer tous les moyens pour conserver sa capacité de tir et sa mobilité.

266. — Les chefs de section et le chef des voitures prennent les mesures nécessaires.

Les hommes doivent être capables de faire sans direction les travaux de remplacement et de réparation.

267. — On ne tient pas compte des avaries et des pertes qui n'influent pas sur la mobilité, afin d'atteindre au plus tôt la position de tir avec toutes les pièces.

268. — Si une pièce ou une voiture est immobilisée, le chef de section ou le chef des voitures donne, tout en marchant, les ordres nécessaires; mais il reste avec la fraction encore disponible de son unité. En retraite, à moins d'ordres contraires, le chef de section veille en personne à ce qu'aucune de ses pièces ne reste en arrière.

269. — Parfois, du matériel endommagé sera ramené par un attelage réduit ou par des hommes.

Le premier échelon des sections de munitions emmène une mitrailleuse de rechange pour chaque groupe.

Offensive.

270. — Dans l'offensive, il faut distinguer le combat de rencontre, l'attaque d'un adversaire en position et celle d'une position organisée défensivement (1).

271. — Dans le combat de rencontre, l'avant-garde doi donner au gros le temps et l'espace nécessaires au déploiement. Cette mission implique l'occupation rapide de points d'appui; il sera souvent utile d'affecter des mitrailleuses à l'avant-garde, même à la cavalerie de l'avant-garde. A l'arrivée de l'infanterie, on s'efforcera de retirer les mitrailleuses de la lutte pour les conserver disponibles.

272. — Dans l'attaque d'un adversaire en position, les mitrailleuses seront d'abord tenues en réserve; elles constituent dans la main du chef une réserve très mobile, qui pourra être utilisée pour renforcer des points menacés, agir sur les flancs de l'adversaire et préparer l'assaut.

(1) Les mitrailleuses s'avancent avec les tirailleurs, ou sous leur protection. Elles protègent de leur feu la marche des unités voisines.

L'offensive n'a de chances de succès que si l'on arrive à s'assurer la supériorité du feu.

La mobilité des mitrailleuses est suffisante pour leur permettre de suivre l'infanterie pendant la marche d'approche Elles n'ont pas à prendre part aux bonds des tirailleurs, ni à l'assaut.

Dirigées adroitement et avec prudence, elles pourront s'approcher suffisamment de l'ennemi pour jouer un rôle dans le feu qui précède le moment décisif.

Dans ce cas, la distance entre la batterie de tir et l'échelon n'est pas à considérer.

Les feux dirigés sur le point d'attaque ont une valeur toute particulière, s'ils partent d'un point dominant ou situé sur le flanc, parce qu'alors ils pourront se prolonger tandis que l'infanterie continue à avancer et se porte à l'assaut.

Si on peut occuper une telle position, à bonne distance (à 800 mètres au plus), ce serait une faute que de continuer à avancer; le feu serait interrompu, et, après l'occupation d'une nouvelle position, un nouveau réglage serai nécessaire.

272. — Dans l'attaque d'une position organisée défensivement, il est bon d'amener pendant la nuit les mitrailleuses en une position d'où, au point du jour, elles pourront renforcer de près le feu de l'infanterie. Elles concourront à faire terrer l'ennemi dans ses tranchées, permettant ainsi de détruire les obstacles et de donner l'assaut.

273. — Si l'issue du combat est heureuse, les mitrailleuses prennent une part active à la poursuite. Aussitôt la victoire décidée, elles se portent rapidement sur la position conquise pour aider l'infanterie à s'y maintenir et enlever à l'ennemi ses dernières velléités de résistance. Il faut établir au plus tôt des tranchées-abris pour augmenter la capacité de résistance de la position, au cas où l'ennemi prononcerait un retour offensif.

274. — Si l'assaut échoue, les mitrailleuses recueillent les troupes en retraite.

Défensive.

275. — Les mitrailleuses ne sont pas aptes à soutenir un combat de longue durée, et leur mobilité ne peut être utile si, dès le début, on leur assigne un secteur à défendre.

En général, on conservera les mitrailleuses en réserve et on les emploiera à renforcer la ligne de défense aux points menacés, à empêcher les mouvements tournants, à arrêter l'assaut ou à prononcer des contre-attaques.

Cependant, dès le début du combat, des mitrailleuses peuvent entrer en action, par exemple pour commander des voies d'accès importantes.

Il sera possible aussi, s'il existe des couverts permettant la retraite, de porter des mitrailleuses en avant ou sur le flanc de la ligne de défense, de manière à pouvoir battre à l'improviste la position probable de l'artillerie ennemie.

Parfois, les mitrailleuses peuvent assurer le flanquement d'angles morts en avant de la ligne de combat.

276. — Dans tous les cas où des mitrailleuses doivent être installées en des points désignés à l'avance, il fau' créer des couverts. Si le temps ne suffit pas, il faut du moins créer des défilements, améliorer le champ de tir et mesurer les distances.

Poursuite.

277. — Après un combat heureux, les mitrailleuses se consacrent à la poursuite sans aucun ménagement. Ce rôle leur convient éminemment, puisqu'elles joignent la puissance du feu à la vitesse. La poursuite dure tant que les forces le permettent. Les mitrailleuses cherchent à s'approcher à bonne portée de l'ennemi, pour l'empêcher de se rassembler ou de s'arrêter.

Les feux de flanc sont les plus efficaces. Il faut faire suivre des munitions en grande quantité.

Retraite.

278. — Lorsqu'on rompt le combat, ou que l'issue en est malheureuse, les mitrailleuses peuvent rendre de grands services en s'opposant à l'ennemi sans craindre les pertes, et en le criblant de leurs feux.

En particulier, se recommandent pour arrêter l'ennemi, les positions situées en arrière de défilés et celles que l'on peut quitter à couvert.

Avant tout, il faut disposer de munitions suffisantes, faire une reconnaissance approfondie des chemins à utiliser pour la retraite et choisir judicieusement l'instant où l'on battra en retraite, surtout si le mouvement doit se faire par échelons.

Pour éviter les à-coups, l'échelon précédera la batterie de tir à distance suffisante.

Il y a lieu surtout de bien surveiller les flancs, qui sont plus dangereux pour la retraite que les autres directions.

Si l'on peut trouver des positions de flanc favorables, leur occupation facilitera notablement la retraite.

Combat en liaison avec la cavalerie opérant isolément.

279. — Les mitrailleuses attachées à la cavalerie opérant isolément augmentent la puissance offensive et défensive de cette arme, dans le combat à cheval ou à pied.

Les missions qui peuvent incomber aux détachements de mitrailleuses exigent une grande mobilité et une forte discipline du feu.

280. — Le commandant de la cavalerie règle l'emploi des mitrailleuses. Il communique ses projets en temps utile au commandant du groupe, et lui donne des ordres, au sujet notamment de sa première intervention. S'il ne veut pas

les utiliser, il peut être bon de les laisser en une position de recueil.

281. — Dans le service d'exploration, les mitrailleuses serviront surtout à briser la résistance de l'ennemi établi dans des localités, ou à y augmenter la puissance défensive de la cavalerie. Parfois il sera utile d'affecter à un détachement de cavalerie une seule section de mitrailleuses avec un caisson.

282. — Quand la cavalerie attaque de la cavalerie, les groupes de mitrailleuses prendront position le plus tôt possible pour seconder d'abord le déploiement, puis la charge. La position sera choisie de préférence en avant et sur le flanc de la cavalerie; de la sorte, on pourra continuer le feu jusqu'au moment du choc et empêcher l'ennemi de tourner l'aile voisine. Il est bon d'occuper une position protégée contre les attaques directes, mais les considérations d'effet utile priment celles de sécurité. Le combat de cavalerie étant très rapide, il n'y aura presque jamais lieu de changer d'objectif.

283. — Il ne faut pas séparer les sections sur le terrain; car, s'il y avait plusieurs lignes de tir, les mouvements de la cavalerie seraient gênés.

284. — Dans la marche en bataille du groupe attelé, on évitera de serrer les intervalles à moins de 10 pas, parce que des intervalles moindres rendent plus difficile le mouvement des avant-trains pour dégager le front.

285. — Pendant le combat, le commandant du groupe devra souvent agir de sa propre initiative; il ne doit pas attendre d'ordres. Il doit donc sans cesse observer le combat des deux cavaleries, profiter de toutes les circonstances pour intervenir, et prendre ses dispositions pour la conduite à tenir suivant que le combat sera heureux ou non. Parfois, il peut être avantageux de se placer en position d'attente, les pièces attelées.

286. — Si l'issue du combat est favorable, il faut pour-

suivre de ses feux l'ennemi vaincu, pour l'empêcher d'opposer une nouvelle résistance.

287. — En cas d'insuccès, le commandant du groupe décidera en temps utile s'il vaut mieux rester sur sa position de tir ou se replier sur une position de recueil.

ANNEXE I

Les procédés de tir de la mitrailleuse.

Le tir d'efficacité sera généralement précédé d'un réglage sauf si l'objectif, très mobile, est en mesure de se soustraire au feu presque instantanément ; dans ce cas, le feu d'efficacité sera exécuté sur une, deux ou trois hausses, ou encore avec fauchage en profondeur. Le feu sera réparti en divisant le front de l'objectif en autant de fractions qu'il y a de mitrailleuses tirant avec chaque hausse.

On emploiera autant que possible la position couchée, pour éviter les pertes ; le feu sera ouvert simultanément par toute la compagnie, ou au moins par chaque section.

Tir indirect.

Le tir indirect consiste à utiliser un repère pour tirer sur un objectif qui est invisible de la position occupée par les mitrailleuses. On l'emploie principalement pour pouvoir conserver la position couchée, ou pour se placer en arrière d'une crête.

Un colonel allemand a construit une échelle qui, gravée sur l'objectif d'une jumelle, permet de trouver rapidemen la hausse à employer pour le tir indirect.

Soit un objectif situé à 1.500 mètres, en avant d'un village dont, de la position occupée, on aperçoit les toits Le commandant de la compagnie se place de manière à le voir ; il dirige la division 1.500 sur l'objectif ; si les toits correspondent à la division 800, il prendra la hausse 800.

Si le repère n'était pas dans la direction de l'objectif, on ferait, après avoir pointé, pivoter les mitrailleuses de l'angle voulu.

ANNEXE II

Modifications au règlement de manœuvres d'infanterie du 29 mars 1906, en ce qui concerne les mitrailleuses.

(A jour au mois d'août 1909.)

---

260 *a*. — Par suite de la création des compagnies de mitrailleuses des régiments d'infanterie, il est nécessaire que tous les officiers soient familiarisés avec cette arme, connaissent les principes de son emploi et soient habitués à agir de concert avec elle.

265 *a*. — Les mitrailleuses aident l'infanterie dans la lutte. Aptes à produire des feux d'infanterie très puissants avec un front étroit, elles renforcent très sérieusement l'attaque ou la défense, si elles sont mises en ligne avec décision au moment voulu et au point décisif.

291 *a*. — L'emploi des mitrailleuses reste à la disposition du colonel, qui peut soit les conserver dans sa main, soit les affecter aux bataillons.

338 *a*. — Les mitrailleuses aident dans la mesure de leurs moyens à acquérir la supériorité du feu et à pousser l'attaque jusqu'à la position ennemie, en faisant terrer l'ennemi.

Leur seul effet moral suffira souvent à faciliter la progression des troupes voisines.

Les circonstances décident si, pour occuper des positions favorables, elles s'avanceront avec les tirailleurs ou sous leur protection.

La grande dépense de munitions qu'elles exigent demande qu'elles n'agissent qu'à bonne portée et contre des buts suffisants.

Les positions dominantes sont particulièrement favorables pour les mitrailleuses, afin que la progression des tirailleurs n'arrête pas leur feu. Mais elles peuvent aussi tirer sans danger dans les intervalles des lignes de tirailleurs.

Pour changer de position, il faudra parfois avoir recours à des auxiliaires d'infanterie pour le transport des munitions.

349 *a*. — Les mitrailleuses restent en place pendant l'assaut jusqu'à l'occupation de la position ennemie. Tant que les circonstances le leur permettent, elles continuent le feu.

349 *b*. — Si, pendant l'assaut, l'ennemi tente une contre-attaque, les tirailleurs, soutenus par les mitrailleuses, reprennent le feu. Les renforts continuent à avancer.

350. — Les mitrailleuses se portent rapidement sur la position conquise, afin d'être à même de s'opposer à un mouvement offensif et pour aider de leur feu la poursuite.

380. — Les mitrailleuses choisissent une position soigneusement défilée et telle que, autant que possible, elles puissent continuer le feu même pendant l'assaut. Leur présence sur la ligne des tirailleurs n'est pas nécessaire; une position de flanc ou dominante est particulièrement avantageuse.

412 *a*. — Dans la défense d'une position, les circonstances décident si les mitrailleuses doivent dès le début occuper la position, ou bien si on les tiendra en réserve pour ne les y amener qu'en cas de besoin.

Il peut être bon de porter des mitrailleuses en avant et sur le flanc de la ligne principale de défense pour la flanquer.

429. — Dans la retraite, quelques batteries et des mitrailleuses, placées sur le flanc, peuvent faciliter beaucoup le mouvement.

441. — Dans la défense d'un bois, le défenseur peut porter en avant de la lisière ses tirailleurs et ses mitrailleuses.

442. — Dans l'attaque d'un bois, les mitrailleuses sont tenues en réserve jusqu'à ce qu'on puisse leur faire occuper des secteurs conquis, battre des clairières, des chemins, etc.

453. — Des mitrailleuses en batterie, présentant un but difficile à atteindre et dangereuses pour l'infanterie, même à grande distance, doivent être tout d'abord prises à partie par l'artillerie et les mitrailleuses. Pour que l'infanterie puisse contrebattre avec succès des mitrailleuses, il faut généralement un grand nombre de fusils et de cartouches, sauf aux petites distances.

Des fantassins à découvert, aux distances moyennes, peuvent éprouver de grosses pertes du fait des mitrailleuses.

Par suite, dans la lutte contre des mitrailleuses, il faut soigneusement utiliser le terrain et mettre à profit, par des bonds subits et irréguliers, les arrêts inévitables qui se produisent dans le feu des mitrailleuses.

Si ces bonds mêmes deviennent impossibles, il faut gagner du terrain en rampant. A petite distance, le feu de quelques tireurs peut être décisif, s'il est flanquant ou à revers.

Articles du règlement de manœuvres de la cavalerie du 3 avril 1909, relatifs aux mitrailleuses.

113. — Contre..... les mitrailleuses, l'escadron cherchera à agir par surprise sur le flanc. S'il est obligé d'attaquer de front, il prendra le galop à grande distance, en allongeant l'allure à mesure qu'il s'approchera des mitrailleuses.

Les fractions les plus avancées, ou même tout l'escadron, se forment en fourrageurs.

Si, dans sa charge, l'escadron rencontre de l'artillerie ou des mitrailleuses, il se divise, partie contre les servants, partie contre les voitures. Les pièces conquises sont emmenées, ou au moins mises hors de service.

180. — La brigade de cavalerie comprend deux ou trois régiments et, éventuellement, de l'artillerie et des mitrailleuses.

203. — La division de cavalerie comprend généralement trois brigades de l'arme, un groupe d'artillerie à cheval avec sa section légère de munitions, un groupe de mitrailleuses et un détachement du génie.

210. — Le commandant de l'artillerie et celui des mitrailleuses restent auprès du général de division jusqu'à ce qu'une mission ait été confiée à leurs troupes.

219. — Dans la formation préparatoire au déploiement de la division, l'artillerie et les mitrailleuses sont placées là où elles ont le plus de chances d'être utiles pendant le combat.

228. — Si la division est morcelée, le général de division peut attribuer aux détachements de l'artillerie et des mitrailleuses.

231. — L'artillerie et les mitrailleuses d'un corps de cavalerie agiront souvent groupées.

234. — Aux manœuvres, pour figurer l'artillerie et les mitrailleuses, on indique par des fanions l'emplacement de chaque pièce et les points où se trouvent les voitures.

389. — En principe, pour de grandes unités, le combat de cavalerie est toujours mené offensivement, avec le concours d'artillerie et de mitrailleuses.

390. — Dans le combat à pied, la capacité de résistance de la cavalerie est notablement augmentée par la présence de l'artillerie et des mitrailleuses.

412. — Dans le rassemblement préparatoire au combat, l'artillerie et les mitrailleuses resteront souvent sur la route.

435. — Les flancs de la cavalerie se portant à l'attaque sont protégés, soit par un terrain impraticable, soit, ce qui

suffit généralement, par l'artillerie ou les mitrailleuses placées aux ailes.

458. — Dans l'offensive à pied, l'artillerie et les mitrailleuses sont mises en batterie de manière à joindre leur feu à celui des tirailleurs. Elles cherchent à agir par des feux de flanc.

469. — La position enlevée..... l'artillerie et les mitrailleuses se portent en avant pour poursuivre l'ennemi de leurs feux.

473. — La surprise par le feu n'acquiert toute sa valeur que par la coopération de l'artillerie à cheval et des mitrailleuses.

477. — Dans la défensive, l'essentiel est de disposer d'un champ de tir dégagé et bien conditionné. En le choisissant, il faut tenir compte aussi des positions à assigner à l'artillerie et aux mitrailleuses.

480. — Le front peut être renforcé par des mitrailleuses; des sections de mitrailleuses isolées couvrent les flancs. Souvent, on placera les mitrailleuses en réserve jusqu'à ce que l'on ait pu discerner la véritable direction de l'attaque.

493. — En cas de retraite, l'artillerie et les mitrailleuses couvriront le mouvement des tirailleurs en attirant sur elles le feu de la poursuite et en arrêtant les fractions ennemies.

Pour sauver l'arme à côté de laquelle elles combattent, elles ne craindront pas de perdre des pièces.

Emploi de l'artillerie à cheval et des mitrailleuses.

497. — L'artillerie à cheval et les mitrailleuses augmentent, par leur feu, la force offensive et défensive de la cavalerie. Dans la défensive et dans la surprise par le feu, elles constituent la force la plus efficace.

498. — Souvent, seule l'artillerie à cheval obligera l'ennemi à montrer ses forces; elle servira ainsi à la reconnaissance.

Agissant de concert avec des mitrailleuses, elle réussira souvent à briser la résistance de l'ennemi dans des localités ou des défilés, et évitera ainsi à la cavalerie l'obligation de combattre à pied.

499. — L'artillerie et les mitrailleuses donnent à la cavalerie le moyen de ralentir à distance la marche de colonnes ennemies de toutes armes, de les obliger à se déployer en partie, et surtout, en agissant sur leur flanc, de les dévier de leur itinéraire.

500. — Des fractions détachées de la division peuvent, pour augmenter leur valeur combative, être dotées d'artillerie et de mitrailleuses; elles peuvent ainsi tromper l'ennemi sur leurs forces. Il est interdit de détacher une mitrailleuse unique.

501. — Les commandants de l'artillerie et des mitrailleuses doivent être tenus au courant de la situation et des projets du commandant de la cavalerie. Ils restent auprès de lui jusqu'à ce qu'il leur aît indiqué leur mission, et se tiennent constamment en liaison avec lui.

C'est le commandant de la cavalerie qui prescrit la première mise en batterie de l'artillerie et des mitrailleuses.

503. — Le groupement des batteries facilite la direction du feu. De même, pour les mitrailleuses, il n'y a pas lieu en général de séparer les sections les unes des autres. Cependant les circonstances peuvent nécessiter ce fractionnement.

504. — Les mitrailleuses n'ont besoin d'un soutien qu'en terrain très couvert.

507. — Dans le combat à cheval de la cavalerie, l'artillerie et les mitrailleuses sont placées de manière à pouvoir soutenir d'abord le déploiement, puis la charge. Le feu pourra se prolonger jusqu'à l'instant du choc, si l'artillerie est établie sur le flanc, les mitrailleuses sur le flanc et en avant de la cavalerie, sur une position dominante; cette situation rend difficile un mouvement enveloppant de l'ennemi. Mais, pour gagner de telles positions, il faut du

temps, et parfois, lorsqu'on y arrivera, il sera trop tard. Le cas le plus avantageux est celui où l'artillerie se met en batterie près de la route de marche, sous la protection de l'avant-garde, tandis que la division fait un détour.

Au besoin, l'artillerie et les mitrailleuses, sans rechercher le défilement ni d'autres avantages, se mettent en batterie au point même où elles se trouvent.

508. — Si la cavalerie adverse pénètre dans la zone battue, le feu est dirigé exclusivement sur elle.

509. — Aussitôt que le choc se produit, l'artillerie prend à partie les batteries et les mitrailleuses de l'ennemi, à moins que de nouvelles fractions de cavalerie ne lui offrent un objectif favorable.

510. — Pendant le combat, les commandants de l'artillerie et des mitrailleuses devront généralement agir d'après leur propre initiative; ils cherchent toutes les occasions d'intervenir et, au cours du combat, prennent leurs mesures pour agir, que l'issue de la lutte soit favorable ou non. Parfois, les pièces resteront en position d'attente.

511. — Après une charge victorieuse, l'artillerie et les mitrailleuses se portent rapidement en avant, afin de poursuivre l'ennemi de leurs feux et de l'empêcher de se rallier pour recommencer la résistance.

En cas d'insuccès, leurs commandants auront à décider en temps opportun s'ils se replieront sur une position de recueil, ou bien s'ils resteront en place, même au risque de perdre des pièces.

512. — Dans le combat de cavalerie, les avant-trains resteront souvent près des pièces ; il peut y avoir lieu aussi de laisser à couvert une partie de l'échelon de l'artillerie et les caissons du groupe de mitrailleuses, et de faire porter la section légère de munitions en tête du train régimentaire. De plus, dans le groupe de mitrailleuses, on peut avoir à conserver les affûts près des mitrailleuses, ou encore à tirer en laissant les pièces sur les affûts.

513. — Si l'attaque échoue, ou si l'ennemi réussit dans la sienne, l'artillerie et les mitrailleuses chercheront à couvrir la retraite, et, négligeant l'artillerie adverse, dirigeront leurs feux sur les troupes chargées de la poursuite.

TABLE DES MATIÈRES.

Paris et Limoges. — Imp. et libr. milit. Henri CHARLES-LAVAUZELLE.

BIBLIOTHEQUE NATIONALE DE FRANCE
3 7502 01277625 0

www.ingramcontent.com/pod-product-compliance
Ingram Content Group UK Ltd.
Pitfield, Milton Keynes, MK11 3LW, UK
UKHW020344230726
13925UKWH00003B/956